Das Skizzieren

für

Maschinenbauer.

Das Skizzieren

ohne und nach Modell

für

Maschinenbauer.

Ein Lehr- und Aufgabenbuch für den Unterricht

von

Karl Keiser,

Zeichenlehrer an der Städtischen Gewerbeschule zu Leipzig.

———

Mit 24 Textfiguren und 23 Tafeln.

Berlin.
Verlag von Julius Springer.
1904.

ISBN-13:978-3-642-89937-9   e-ISBN-13:978-3-642-91794-3
DOI: 10.1007/978-3-642-91794-3

Softcover reprint of the hardcover 1st edition 1904

Vorwort.

Michaelis 1896 wurde an der hiesigen „Städtischen Gewerbeschule" eine Maschinenbauschule mit vollem Tageskursus eröffnet. Das Freihandzeichnen wünschte der Direktor Herr Professor Schuster von dem Unterzeichneten in dem Sinne behandelt zu sehen, wie in dem 1896 im Verlage von Julius Springer erschienenen Buche: „Das Maschinenzeichnen" von A. Riedler, Professor an der Kgl. Technischen Hochschule zu Berlin, gefordert wird.

Damit war Zweck und Ziel bezeichnet, der Weg dahin aber mit gutem Bedacht freigelassen worden; mußte doch für das Zeichnen nach Vorstellung, hier Zeichnen ohne Modell genannt, ein Weg überhaupt erst gefunden werden.

In der vorliegenden Arbeit wird nunmehr geeigneter und geordneter Stoff geboten und dazu gegeben, was an ersten Erfahrungen gewonnen wurde über systematisches pflichtmäßiges Freihandzeichnen ohne Modelle. Denn hierin liegt der Schwerpunkt des Buches. Der Vollständigkeit halber ist auch das freie Zeichnen nach Modell mit besprochen, doch so kurz als möglich und z. T. aus dem Grunde, um einem noch mancherseits bestehenden Irrtume über die perspektivische Darstellung des Kreises zu wehren (S. 48—49).

Der Weg, den ich mir mit Rücksicht auf mein Schülermaterial, also angehende Techniker geschaffen, und die Art und Weise, die ich für das Unterrichten gewählt habe, seien hiermit zur Erprobung und dem weiteren Ausbau übergeben. Da es sich um ein Unterrichtsgebiet handelt, dessen große Bedeutung für alle bauenden Berufe schon lange von den leitenden Behörden, von Ingenieuren und von Künstlern erkannt ist, so dürfte dieses „Lehr- und Aufgabenbuch" ganz willkommen sein.

Ich hoffe auch, wennschon das lebendige Wort des Lehrenden nicht durch das geschriebene ersetzt werden kann, daß der Lehrer doch in diesem Buche einen brauchbaren Wegweiser findet, so lange, bis er die Sache frei beherrscht. Aber auch dem Lernenden dürfte in diesem

Buche, da elementarisch vorgegangen wird, ein hilfreicher Ratgeber
zur Seite stehen.

Vielleicht ist dieses Werk das erste, welches, wenn auch innerhalb eines speziellen Gewerbes, ein Gebiet des Schulzeichenunter-
richts behandelt, das bisher nur versuchs- und probeweise begangen
wurde; möge das eine Entschuldigung für etwaige noch vorkommende
Lücken sein. Gerade deshalb aber bitte ich, mit kritischen und er-
gänzenden Mitteilungen nicht zurückzuhalten, damit bei einer etwaigen
Neubearbeitung die Sache weiter ausgestaltet werden kann.

Zum Schluß erfülle ich noch die angenehme Pflicht, allen denen,
die mich bei der Herausgabe dieses Werkes freundlichst mit Rat und
Tat unterstützten, meinen herzlichsten Dank zu sagen!

Leipzig, im September 1904.

K. Keiser.

Inhaltsverzeichnis.

Allgemeines.

Zeichnen ist Formensprache; es ist eine internationale Sprache, ist spezielle Sprache des Technikers. Man lernt eine Sprache erst beherrschen, wenn man in derselben zu denken vermag. In der Zeichensprache wird man sich also dann klar ausdrücken können, sobald man sicher im Formendenken ist, d. h. wenn man sich genaue Vorstellungsbilder im Kopfe schaffen kann; diese werden dann abgezeichnet. — Die Vorstellungsfähigkeit zu einer Fertigkeit auszubilden ist für Techniker wichtig; Zeichnen ist ein vorzügliches Mittel zu diesem Zwecke.

Die allgemeinen Richtlinien für die Schulung der Vorstellungskraft (nicht bloß für Maschinentechniker passend) sind in dem schon in der Vorrede erwähnten Buche zu finden. Sie dürften im wesentlichen in den folgenden Sätzen wiedergegeben sein.

Skizzieren resp. Zeichnen kann nur der, welcher Sachkenntnis, Vorstellungs- und Ausdrucksvermögen hat. Handfertigkeit ist nur für schnelle Ausführung und gutes Aussehen von Belang, nicht für den Inhalt. — Vor dem Skizzieren muß das Vorstellungsbild klar und bestimmt im Kopfe fertig sein; mindestens soll der Zeichner einem wenigstens in der Hauptsache im Kopfe fertigen Vorstellungsbilde folgen. Der zeichnerische Ausdruck ist dann das Produkt einer Geistestätigkeit, nämlich der Formvorstellung, gleichwie der sprachliche ein solches der Gedanken ist. — Zeichnen und Sachunterricht müssen Hand in Hand gehen. — Nichts ist besser geeignet, das Vorstellungsvermögen, die Grundlage aller schaffenden Tätigkeit, zu bilden, als freihändig-perspektivisches Zeichnen. — Obenan steht die sachliche Richtigkeit, dann erst folgt die zeichnerische. — Mühselige Herstellung von schönen Schulzeichnungen ist zu vermeiden. — Das Skizzieren sollte während der ganzen Studienzeit geübt werden.

Skizzieren ist die wichtigste und schwierigste Art des Zeichnens, denn es heißt: „das Wesentliche einer Sache einfach und mit den einfachsten Mitteln darstellen". (A. Riedler.) Da wegen der Dehnbarkeit des Begriffes „Skizzieren" mancherlei Meinungen darüber bestehen, so soll hier zunächst angegeben werden, was im folgenden als Skizzieren aufgefaßt werden mag:

1. Freihändiges Zeichnen im Sinne der rechtwinkligen Projektion, nach Modellen; dazu Maßeinschreiben, also Anfertigen von sog. „Aufnahmeskizzen“.

2. Freihändiges plastisch-anschauliches Zeichnen:

   a) Nach Modell. Die Zeichnung soll hier sein die freie Wiedergabe des Eindruckes, den das Auge und die Seele des Beschauers vom Objekte empfängt, daher Darstellung in Anschauungsperspektive.

   b) Mit Modell, d. h. der von allen darzustellende Körper dient nur als Erläuterungsobjekt und steht zur allgemeinen Ansicht und Besprechung. Die Aufgaben sind parallel-perspektivisch zu lösen.

   c) Ohne Modell (und ohne Vorlage). Dabei handelt es sich meist um Klassenaufgaben, die in mündlicher oder zeichnerischer Form gestellt sind, häufig im Anschluß an Übungen mit Modell. Ebenfalls parallel-perspektivische Darstellung.

Eine Art methodischer Reihenfolge soll hiermit nicht unbedingt festgelegt sein.

Aufnehmen und perspektivisches Skizzieren (nach Modell) gehören zusammen, sind nicht getrennt zu behandeln; die Perspektive wird die anschauliche Ergänzung der Aufnahme und darum auch immer in der Praxis von Wert sein.

Bei dem in diesem Buche besprochenen Zeichnen ohne Modelle handelt es sich nun nicht darum, das erst nach Modell Gezeichnete aus der Erinnerung zu wiederholen, sondern es soll auf Grund mündlichen oder zeichnerischen Auftrages zunächst im Kopfe ein Bild entstehen, welches durch des Kopfes Werkzeug, die Hand, den ersten sichtbaren Ausdruck erhält. — Das Zeichnen aus dem Kopfe gehört zu eines Technikers unerläßlichsten Fertigkeiten; erst denken und erdenken, dann zeichnen und bauen. Er muß auch die Fähigkeit besitzen, sich auf Grund von Normalprojektionen ein richtiges Bild des Dinges in der Vorstellung zu machen; solches Zeichnunglesen wird schon von vielen Arbeitern gefordert. —

Normalprojektionen werden im folgenden häufig als Form der Aufgabe benutzt, namentlich bei den krummflächigen Objekten, während die perspektivische Lösung, selbst wenn sie unbeholfen ist, die untrüglichste und billigste Probe auf die Richtigkeit und Sicherheit der Vorstellung bildet. Der Lehrer sieht an ihr besser als an einer mündlichen Antwort, wo und wie er einzuhelfen hat; der Vorgesetzte in der Praxis erkennt schnell an ihr, ob der junge Zeichner die Aufgabe verstand.

Anmerkung:

Was zuweilen dem Papiere zugemutet wird, das mögen die 3 nebenstehenden Figuren zeigen. Fig. 1, ein dreiseitiges Prisma, wird durch eine Ebene geschnitten, die durch drei Punkte bestimmt ist. Die Lösung ist unten falsch und das Ganze sinnlos ausgezogen. — Fig. 2 soll der Verschnitt einer Zylinderfläche mit einem T-Profile sein! — Fig. 3 rechts unten durch Verwechselung der Kanten eine Formgebung, die praktisch unmöglich ist.

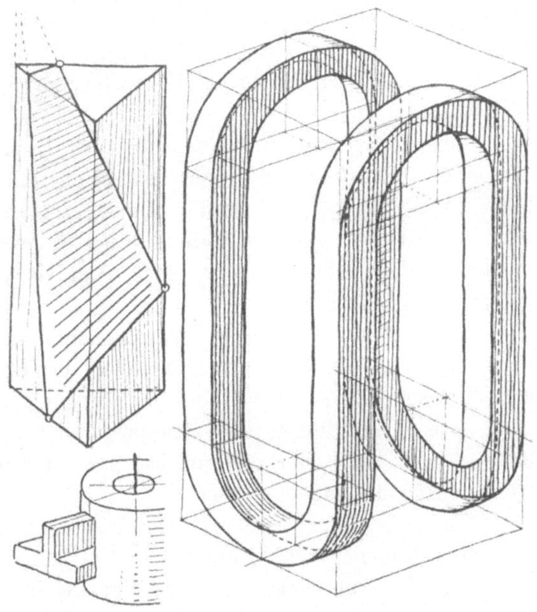

Fig. 1, 2, 3.

Perspektivische Skizzen, in besonderen Fällen der Werkzeichnung beigegeben, würden manches Mißverständnis und somit Verlust an Zeit und Geld verhüten. — Sehr praktisch ist perspektivische Darstellung, wenn es sich um Kesselmauerungen und innere Anordnung von Öfen handelt. — Die perspektivische Darstellung eines Bergwerkes ist anschaulich und leicht verständlich für jedermann und dabei viel billiger als ein Modell. — In mancherlei technischen Werken, auch in Katalogen, gibt man immer da, wo jedem Mißverständnis vorgebeugt werden soll, Perspektiven bei.

Jeder wird das perspektivische Skizzieren für mancherlei materielle Zwecke verwenden können, wenn er es nur erst kann! Aber für jede Art Schule ist der formale Zweck der wichtigere, und besonders das Zeichnen ohne Modell ist es, welches förmlich zur Raum- und Formvorstellung zwingt; denn erst nachdem das Vorstellungsbild im Kopfe entstand, kann der erste richtige Strich gezeichnet werden.

Für die freihändige perspektivische Darstellung ohne Modell ist m. E. nur die Parallel-Perspektive geeignet, da sie schnell erlernt ist und bald „auswendig" gehandhabt werden kann; die echte Perspektive erfordert dazu viel zu lange Übung. Für rein sachliche Darlegung reicht die Parallel-P. auch völlig aus; nur bei über mannshohen Objekten hat sie den Nachteil, daß sie über die Größe keinen Bescheid gibt, während in der Zentralperspektive die Horizonthöhe eine Art Maßstab ist.

Da die Parallel-P. bequem aus dem Kopfe zu zeichnen gestattet, so wird sie zu einem recht billigen Unterrichtsmittel, insofern manches Modell gespart werden kann, oder besser: der Motivenschatz wächst kostenlos ganz bedeutend. Der Lehrer muß allerdings stetig geeignete Vorwürfe sammeln, auch wenn er und die Schüler dieses Aufgabenbuch besitzen.

Ihr größter Vorzug der Anschauungs-Perspektive gegenüber ist aber der, daß sie Massenunterricht ermöglicht. Dadurch wächst dem Lehrer selbst in starken Abteilungen die Arbeit nie über den Kopf, wie es im Einzel- und Gruppenunterricht nach Modell die Regel ist. — Auch fällt das lästige Zu- und Abbringen und das störende Auswechseln der Modelle weg.

Der Einwurf, die Parallel-P. fälsche die Anschauung oder führe sie irre, ist nicht stichhaltig, da die Perspektive keine Eigenschaft des Objektes ist. Außerdem darf jede Parallel-P., mit Ausnahme der Kavalier-P., angesehen werden als eine wirkliche Perspektive mit unendlicher Distanz; ja bei nur 20facher größter Abmessung des Gegenstandes als Distanz kann das Auge die perspektivischen von den geometrischen Parallelen nur sehr schwer unterscheiden und bei freihändigem Zeichnen ist der Unterschied überhaupt nicht hineinzubringen — das Bild wird zum Aufriß. —

Die Übungsbeispiele für das Zeichnen ohne Modell auf den Taf. 1 bis 22, namentlich die über krummflächige Objekte, sind nicht lediglich vom rein technischen Standpunkte aus gewählt, sondern zunächst mit Rücksicht auf das zu bildende räumliche Denken. Daher ist manches übertrieben, um das Charakteristische betonen zu können; so sind alle Verschnitte der Flächen miteinander scharfkantig angenommen; Maße sind in freihändig bequem zu benutzenden Verhältniszahlen eingetragen, die den technischen Berechnungen natürlich nur annähernd entsprechen können.

Besonders darauf kam es an, zu zeigen durch Text und Bild, wie die Aufgaben zu stellen sind, wie ihre Steigerung durch die Gliederung des Stoffes vorerst zu erreichen ist.

Vorübung im Buche.

Wenn man Schüler hat, die seit Jahren des freihändigen Zeichnens entwöhnt sind, so ist es geraten, ein paar einfache Vorübungen anzustellen, die in der ersten Stunde zu erledigen sind. — Man achte dabei streng auf richtige Körperhaltung, da wohl in den meisten Fällen auf wagrechten Tischen gearbeitet wird. Vor allem „Kopf hoch", damit das Zeichenfeld immer gut übersehen werden kann, und der Blick falle möglichst senkrecht auf die Papierfläche. So fällt das freie Schätzen am leichtesten. — Buch oder Block lasse man nicht fortwährend drehen. Es besteht nämlich bei allen Schülern eine ungemein starke Neigung, freihändig nur immer senkrechte Linien zu zeichnen, also wird bei Schrägen das Buch entsprechend gedreht. Damit aber wird die Fertigkeit, 30⁰-, 60⁰- und 45⁰-Schrägen ohne viel Probieren richtig zu legen, nur unnötig verzögert.

1. Man lasse ein Quadrat auf der Seite zeichnen von 4—6 cm Seitenlänge nach Schätzung; zwei Senkrechten, zwei Wagrechten, ohne zu messen, rasch, mit ganz leichtem Strich, jede Linie in einem Zuge (nicht den Strich „pinseln").

2. Ein Quadrat auf der Spitze. Die 45⁰-Neigung der Schrägen ist noch durch Halbierung des rechten Winkels zu gewinnen.

3. Quadrate in beliebiger Lage.
   Der rechte Winkel muß mit positiver Sicherheit in jeder Lage gezeichnet werden können.

4. Durch Beschneiden der Quadratecken nach Schätzung ist das regelmäßige Achteck zu gewinnen. Auf den 2. Hieb müssen die 4 neuen Linien am rechten Platze sein.

5. Sechsteilung des gestreckten Winkels in verschiedenen Lagen; wichtig für das spätere isometrische Zeichnen.

6. Das regelmäßige Sechseck: zwei Punkte senkrecht übereinander (4 cm); nun einer links, so daß ein gleichseitiges Dreieck entsteht. „Jeder Punkt muß senkrecht über der Mitte der ihm gegenüberliegenden (gedachten) Seite liegen." Das Auge vermag, aber ohne

jede Hilfslinie, diese Schätzung sehr leicht und führt die suchende Bleistiftspitze unfehlbar an den rechten Platz. — Dann der Punkt rechts. Nun den Rhombus zeichnen und die spitzen Ecken desselben bis auf halbe Seite abschneiden.

7. Wie ist eine Gerade von gegebener Länge zu achteln? — Mündliche Antwort genügt in der Regel.

8. Wie aber ist eine Strecke zu dritteln? — Beim Setzen der ersten Marke ist zu beachten, daß der Klein- und Großteil der zunächst so geteilten Strecke in bestimmtem Verhältnisse stehen. In welchem?

9. Bei vorkommender Fünfteilung schafft sich der Ungeübte eine Erleichterung, indem er eine Strecke, die er für ein Fünftel hält, zunächst abteilt und das große Stück viertelt. Der geringe Fehler an dem ersten Fünftel wird nun beseitigt. — Bei der selteneren Siebenteilung setzt man schätzungsweise $^1/_7$ des Ganzen zu, achtelt die Summe und nimmt jenes Siebentel wieder weg.

Diese Vorübungen regen zur Aufmerksamkeit im Schätzen an und diese lehrt den Zeichner, daß das Heil nicht im Radieren liegt.

Häufiger Gebrauch des Gummis während der Arbeit ist oft nur ein Zeichen von Gedankenlosigkeit.

Schülern, mit denen man obige Vorübungen vorzunehmen für gut befindet, schadet es auch nichts, wenn die elementarsten planimetrischen Eigenschaften jener genannten drei regelmäßigen Figuren, dazu das gleichschenklige Dreieck, etwas aufgewärmt werden, also ohne dem Mathematiker vorgreifen zu wollen. Jedoch erkläre nicht der Lehrer, sondern er frage, um die Schüler schon jetzt zu veranlassen, nach dem Vorbilde in ihrem Kopfe die Antworten zu geben. — Später, bei den körperlichen Gebilden, wird nur durch die Zeichnung geantwortet.

I. Perspektivisches Skizzieren mit und ohne Modell.

A. Ebenflächige Objekte.

Der Würfel sei das Anschauungsobjekt, von dem ausgegangen wird. An ihm werden erläutert drei verschiedene Darstellungsarten, als Grundlage der weiteren Arbeiten. —

Die gewöhnlichen Anschauungsbilder von den Gegenständen, die auf kürzere Entfernung in die Augen fallen, sind deutlich perspektivischer Art. Wahre Maße der so abgebildeten Dinge lassen sich nur unter gewissen Voraussetzungen aus solchem Bilde ableiten. — Für technische Zeichnungen wird ein Verfahren gewählt, das. vom Gegenstande geometrische Bilder liefert, die den Vorzug haben, daß die wirklichen Maße mit Leichtigkeit daraus entnommen werden können. Von diesen Bildern wollen wir ausgehen.

a) Die Normalprojektion.

Man denkt sie sich in folgender Weise entstanden: Hier diese Zimmerecke, gebildet aus Fußboden, Fensterwand und Wandtafelwand, die alle drei rechtwinklig zueinander stehen, denke man sich von drei ebenen Tafeln — den „Bildtafeln" — hergerichtet. Diesen Würfel aber, von dem wir die geometrischen Bilder haben wollen, stellen wir am einfachsten so in diesem „Eck" auf, daß seine Flächen parallel den Tafeln sind.

Denken wir nun von jedem markanten Punkte dieses Objektes Senkrechten („Projizierenden") gegen jede der drei Tafeln gezogen, und verbinden wir die in jeder derselben entstehenden Projektionspunkte in gehörige Art und Reihe untereinander, so haben wir drei geometrische Bilder oder Normalprojektionen.

Auf der wagrechten Tafel ist der Grundriß (*I*), auf der vor uns der Aufriß (*II*), auf der seitlichen der Seitenriß (*III*). — Unser Würfel erscheint nach solcher Art, welche auch rechtwinklige, oder gerade, oder orthogonale Projektion genannt wird, dreimal als Quadrat. In Textfig. 4 ist Grund- und Aufriß in der üblichen Lage angegeben. Hierbei ist aber zu beachten:

Die Projektion soll stets das Bild des Objektes so zeigen, als wenn man gegen die einzelne Projektionstafel blickt; so ist es allgemein üblich.

In Fig. 4 *I* sehen wir also die Deckfläche des Würfels, in *II* die Vorder- oder Frontfläche; zum Vergleich betrachte man Fig. 5 unten. Wird *III* links von *II* gezeichnet, so wird demzufolge die + Seite darzustellen sein; kommt aber *III* rechts von *II*, so wird die + Seite verdeckt erscheinen. Gewöhnlich wird auch der Aufriß über den Grundriß und der Seitenriß neben den Aufriß gestellt (Fig. 6), so daß also die drei Projektions-Tafeln alle in einer Ebene, der Zeichenfläche, liegen. Hierbei wird die Grenzkante (*y*-Achse) zwischen *I* und *III* gleichsam gespalten. Am Pappmodelle kann dieses Auseinanderklappen der Tafeln veranschaulicht werden.

Zur Darstellung eines Objektes sind mindestens zwei Projektionen oder Risse nötig, da in jedem der Bilder nur zwei Ausdehnungen erscheinen: in *I* Breite und Tiefe, in *II* Breite und Höhe, in *III* Höhe und Tiefe. — Das genügt hier für unsere Zwecke.

Anleitung zum projektivischen Skizzieren aus dem Kopfe soll hier unbeachtet gelassen werden, da es in die Projektionslehre gehört, die ein Buch für sich ist. Doch soll es in den folgenden perspektivischen Übungen, so oft als tunlich, mit geübt werden. Im geeigneten Falle wird es stets als Nebenaufgabe mit auftreten. —

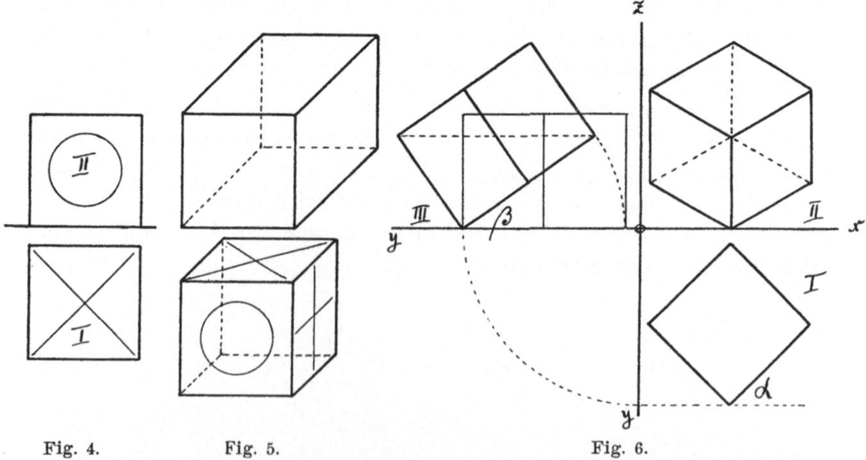

Fig. 4.   Fig. 5.   Fig. 6.

Diese eben kurz erläuterte Methode ist die verbreitetste im konstruktiven Zeichnen; in ihrem Sinne werden auch alle „Aufnahmeskizzen" angefertigt. Alle anderen Darstellungsarten lassen sich aus der eben behandelten ableiten, so die hier nicht zu berücksichtigende perspektivische Konstruktion, aber auch

b) die Kavalier-Perspektive

oder frontale Parallel-Perspektive. — Bei Perspektiven sind in einem Bilde alle drei Raumausdehnungen sichtbar, daher ihre plastische Anschaulichkeit. Eine Kavalier-P. ist nun sehr bequem herrichtbar, da die „Front" die wahre Gestalt zeigt; in den wagrechten und seitlichen Flächen ist dagegen die Übereinstimmung der Winkelgrößen mit der Wirklichkeit aufgegeben, aber die Längenverhältnisse der parallelen Strecken und die Parallelität selbst bleiben gewahrt. (Textfig. 5 oben.)

Ein so dargestelltes Objekt wirkt stets zu tief, wie das Bild jedes regelmäßigen Körpers deutlich, wie hier, sehen läßt. Durch Verkürzen der Tiefen bis auf die Hälfte erscheint das Bild natürlicher, wie die untere Textfig. 5 zeigt. Beide Figuren 5 zeigen Aufsicht; durch Drehen des Blattes erhält man weitere Stellungen.

c) Die isometrische Darstellung.

Wenn schon in einer Normalprojektion das Bild z. B. unseres Würfels einen möglichst körperlichen Eindruck machen soll, so müssen drei Flächen desselben sichtbar werden. Alle Kanten erscheinen dann verkürzt, doch ihre Parallelität bleibt bestehen.

Das isometrische Bild ist eines von den vielen möglichen, die hierher gehören; es ist wegen seiner ganz besonderen Eigenschaften ungemein brauchbar als Grundlage fürs freihändige Zeichnen. — Vom Würfel erhält man die isometrische Ansicht auf dem Wege der geraden Projektion auf die in Fig. 6 angegebene Weise: die Würfelstellung in *I* ergibt das dünn ausgezogene Bild in *III*. Wird der Körper nun hinten so weit gehoben, daß die eine körperliche Diagonale in *III* wagrecht liegt, so erhält man in *II* das isometrische Bild. Jene körperliche Diagonale erscheint hier als Punkt mitten in einem regelmäßigen Sechsecke.

Auf jeden Würfel lässt sich der Blick so richten, daß man ihn wirklich so sieht; selbstverständlich aus genügendem Abstande, genau genommen aus unendlichem.

Da man sich jedem Raumgebilde einen Würfel umschrieben denken kann, so folgt hieraus die allgemeine Anwendbarkeit dieser (isometr.) Darstellungsart.

Für das freihändige Zeichnen ist wichtig zu merken: alle Kanten des Würfels erscheinen gleich lang, also sind sie alle gleichmäßig verkürzt[1]) und die Schrägen haben bei der Würfelstellung Fig. 6 *II* (Auf- oder Untersicht) 30° Neigung zur Wagrechten.

Der Würfel ist zum Vergleich der verschiedenen Darstellungsarten das geeignetste Objekt, da er als einfachster rechtwinkliger, ebenflächiger, regelmäßiger Körper die charakteristischen Unterschiede der Bilder am besten erkennen läßt. Als erster Körper für unsere Übungen (auch für das Projektionszeichnen) ist ein backsteinförmiger, da er drei verschiedene Ansichten oder Risse gibt, vorteilhafter. Einen solchen verwenden wir jetzt auch für die erste perspektivische Übung im Buche (mit Modell; s. „Allgemeines").

Zur allgemeinen Ansicht steht ein backsteinförmiges, also rechtwinkliges Prisma mit den Kantenlängen 1 : 2 : 4. — Es ist anzufertigen die „Aufnahmeskizze" mit drei Projektionen, ferner eine Anzahl Bilder verschiedener Stellungen des Körpers in Kavalier-Perspektive.

Jede der dreierlei Seitenflächen des Körpers kann als „Front" im perspektischen Bilde benutzt werden. — Damit die Schüler nicht zu planlos hin und her probieren, gebe der Lehrer die drei Risse an der Tafel (Textfig. 7 *b*) und benutze einen derselben zur Herrichtung der mit ihm möglichen Perspektiven. Der Körper bleibt dabei ruhig stehen auf dem Pulte; seine verschiedenen Stellungen in den Bildern sind also „aus dem Kopfe" zu beschaffen. — Wie Textfig. 7 *a* zeigt, sind 4 Bilder mit Aufsicht möglich; würde man das Blatt auf den Kopf stellen, so erhielte man die anderen 4 mit Untersicht. Mehr sind mit einerlei Front nicht zu erzielen.

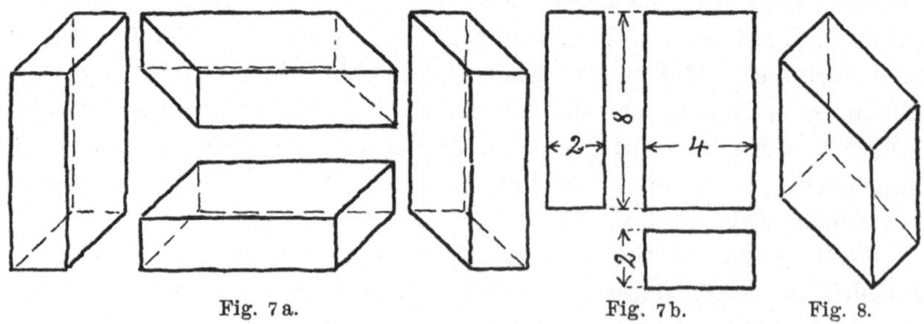

Fig. 7 a.   Fig. 7 b.   Fig. 8.

Aufgabe: Von diesen letzten 4 und den weiteren 2 . 8 haben die Schüler eine Anzahl schnell zu skizzieren, etwa 1 : 2 : 4 cm groß, analag den 4 vorgeführten.

---

[1]) „Isometrisch", d. h. „gleichmessend".

Solche Übung ist sehr gesund für die Beweglichkeit der Formvorstellung. „Ein Ding von zehn Seiten betrachten ist besser, als zehn Dinge von einer Seite ansehen." — Während dieser Arbeit geht der Lehrer prüfend und überwachend durch die Reihen, enthält sich aber jedes tätigen Eingriffes, um die Schüler von Anfang an zu gewöhnen, sich auf sich selbst zu verlassen. Solch neuartiges ungewöhntes Arbeiten kostet freilich Zeit, der Lehrer langweilt sich vielleicht gar dabei — aber der jetzige Zeitaufwand am elementaren Stoffe führt zu früher Selbständigkeit der Schüler, welche später geradezu unschätzbar wird.

Wenn der Lehrer wahrnimmt, daß jeder eine genügende Anzahl Lageskizzen hat, so können als

1. Übung auf dem Blocke sechs beliebige derselben größer und genauer in guter Verteilung gezeichnet werden (2 : 4 : 8 cm). Die Aufnahmerisse sind nachträglich als Lückenbüßer unterzubringen, jedoch sind die Maße fachgemäß einzuschreiben. Hierbei gilt als Regel:

Alle Abmessungen, die im Risse wagrecht (auf dem Papier) liegen, sind mit aufrechten Zahlen, alle die, welche senkrecht (auf dem Papier) stehen, sind mit nur von rechts (oder nur von links) her zu lesenden Zahlen zu schreiben (Textfig. 7 b). Nur einerlei Lage der Zahlen führt leicht zu Verwechselungen.

In den perspektivischen Darstellungen werden die Schrägen unter 45° gelegt (Halbierung des rechten Winkels!). Die unsichtbaren Kanten sind fein einzuziehen. — Block nicht drehen! Kopf hoch! Zeit für Buch- und Blockarbeit ca. 3 einfache Stunden. Schnellere mögen freihändig mit festem Strich mit der Feder (Kugelspitze F) nachziehen.

Bevor dies Blatt abgeliefert wird, muß schon neue Arbeit beauftragt sein:

2. Isometrische Übung mit demselben Körper. — Ein Tafel 1. Bild desselben wird mit Bezug auf den isometrischen Würfel vom Lehrer an der Wandtafel, von den Schülern in das Buch gezeichnet. Die 30°-Neigung der schrägen Kanten wird aus der Dreiteilung des rechten Winkels abgeleitet (vergl. Vorübung Quadrat), wie auf Tafel 1 zu sehen ist. Wird diese Ableitung der perspektivischen Winkel unterlassen, so verfallen Anfänger fast ausnahmslos bei jeder Figur in den Fehler (typischer Fehler), Grund- und Deckfläche möglichst als Rechteck zu zeichnen, also zuviel Aufsicht zu geben.[1]) Dadurch

---

[1]) Warum das so ist, wird später beim Zeichnen nach Modell mit erörtert.

sieht der Körper schief geschnitten aus, oder er macht den Eindruck, als wäre er nach dem Beschauer zu gekippt, oder das Bild gleicht fast einer Vogel-Perspektive (Textfig. 8).

Sechs Darstellungen, jedoch nicht die Lagen vom vorigen Blatte, davon drei mit Untersicht, sind in der alten Größe, also etwa 2 : 4 : 8 cm, gut verteilt auf dem Blocke anzulegen. Die Maße dürfen nur in der Richtung der (Würfel-) Kanten genommen werden, selbstverständlich nur nach Schätzung, da absolute Genauigkeit hier unnötig ist.

Diesmal soll auch die erste einfache Schattenangabe gemacht werden mittelst Schraffierung. — Das Licht kommt von oben links hinten. Somit sind rechte Seite und Untersicht dunkel zu halten. Wird nur in Blei gearbeitet, so darf in solcher Schraffierung nicht radiert, wird mit der Feder ausgeführt, so muß die Schraffierung ohne Bleistiftvorarbeit sofort und sicher hingesetzt werden. Eine gute Übung, um freihändig gut Richtung halten zu lernen! — Lotrechte Flächen (im Raum) werden am besten lotrecht schraffiert, ohne Rücksicht auf die Umrißführung, die allgemein wagrechte Fläche, auf der das Objekt steht, wagrecht; aber wagrechte Flächen am Objekt sind bald wagrecht (schienenrecht), bald parallel einer (im Raume) wagrechten Kante zu schraffieren; schräg (im Raume) liegende Flächen sind auf keinen Fall mit auf dem Papiere lotrechter Schraffierung zu versehen. Völlig beleuchtete Flächen lasse man nicht ganz kahl, sondern töne hie und da durch ein paar leichte, flüchtig hingesetzte Striche ab.

Lage, Stärke, Abstand und Form (gerade oder gekrümmt) der Schraffierstriche dient vereint, um die Oberflächengestaltung und plastische Erscheinung des Objektes deutlich zu machen; ein Verfahren freilich, das Ungeübten nicht leicht fällt und bei den Körpern mit krummen Flächen des Lehrers Eingreifen zuweilen nötig macht.

Taf. 1 zeigt, wie für unseren einfachen Fall das erste Blatt, zugleich mit Schattierung, aussehen mag.

Tafel 2.   3. Isometrische Übung ohne Modell. — Der Lehrer zeichnet den eben behandelten Körper in sechs verschiedenen Stellungen an die Tafel, die Schüler dasselbe in das Buch, mit den unsichtbaren Kanten. Durch Hinwegnehmen von Teilen, deren Schnittflächen aber parallel den Flächen des Vollkörpers liegen, entsteht der neue Körper. Er mag so aussehen wie auf Taf. 2 oben links. (Der Lehrer kann auch einen anderen an der Tafel vormodellieren; es soll hier nur die Art der Aufgabestellung gezeigt werden.) In den übrigen

fünf Lagen gibt der Lehrer nur die $\top$-förmige Stirnfläche an (Taf. 2). —
Auf dem Blocke: alle sechs Stellungen; die Schüler haben die fünf nur
angedeuteten Körper fertig zu machen, mit den unsichtbaren Kanten;
es ist stets vom Vollkörper auszugehen; Schattenangabe im Sinne von
Taf. 1; an geeigneter Stelle sind die 3 Normalprojektionen der Stellung 1
unterzubringen. —

Die schnelleren Zeichner ziehen mit Tusche (freihändig) aus oder
sie bearbeiten auf einem nächsten Blatte resp. nur im Buche den
Körper Fig. *A*, Taf. 2. Das Gegenstück desselben ist 1. als Verlängerung
zu denken und daneben zu setzen und 2. beide Stücke sollen eine sog.
„geschlitzte" Rahmenecke bilden. Diese kann aufrecht oder liegend
angenommen werden, ist aber der besseren Anschaulichkeit halber gelöst
zu zeichnen. (Auf Taf. 4 ist zu sehen, wie das letztere darzustellen ist.)

4. Übung ohne Modell. Der 1., 3., 5. .... Schüler soll in Tafel 3a.
Kavalier-P., der 2., 4., 6. .... soll in Isometrie arbeiten. Aufgabe im
Sinne der vorigen: Wegnehmen von Teilen usw. — Auf dem Blocke
sechs Würfel herrichten, davon drei mit Untersicht. An der Wandtafel die Aufgabe gleich Taf. 3 *a*, d. h. Angabe des Profiles in einer
der lotrechten Würfelflächen. — Zur Lösung: Die Profile sollen durch-
gehen; dazu ist in der Gegenfläche am Vollkörper ebenfalls das Profil
einzutragen, bevor die Längskanten des neuen Körpers gezogen werden;
an den dreien mit Untersicht ist das Profil an der Unterfläche zunächst
anzunehmen. Schattierung im Sinne von Taf. 1. — Von zweien der
Körper sind die 3 Projektionen mit unterzubringen.

5. Übung ohne Modell. — Auf dem Blocke oben sind (event. Tafel 3b.
nach der Wandtafelvorzeichnung) aus dem Würfel die drei Körper
Taf. 3 *b* zu entwickeln. Darunter sind vom Schüler selbständig die
Verlängerungsgegenstücke zu zeichnen, doch in solcher Lage, daß
nicht zuviel verdeckt wird. — Ohne unsichtbare Kanten, mit Schattierung,
doch ohne Schlagschatten. — Normalprojektionen von wenigstens
dem mittleren nicht vergessen.

Event. eingeschobene Übung im Anschluße an Taf. 3 *a*, für
schnelle Zeichner, nach mündlichem Auftrage oder nach flüchtiger An-
deutung im Skizzenbuche des Schülers.

Vollkörper; der Würfel, vier Kanten lotrecht. Folgendes ist
vorzunehmen:

1. Er werde zum aufrechten Hohlprisma mit gleichen Wandstärken;
   in halber Höhe und Breite ist ein Viertel herauszuschneiden.

2. Zwei lotrechte, sich rechtwinklig kreuzende, parallel den Seitenflächen laufende Schlitze sind anzunehmen; der eine sei breiter
   und tiefer als der andere.

3. Das Verlängerungsgegenstück dazu.

4. An jeder Würfelecke einen kleinen Würfel herausnehmen; dessen
   Kante mag $= \frac{1}{3}$ der großen sein.

5. und 6. Würfellage, bei der vier Kanten wagrecht, alle anderen
   unter 60° zur Wagrechten geneigt erscheinen. (Man drehe Textfig.
   6 *II* um 90°.) Zwei der früheren Körper herausarbeiten.

Tafel 4 u. 5.   6. Übung mit Modell. — Umbilden von rechtwinkligen Prismen
durch Hinwegnehmen von Teilen mittelst Schnitten, die zwar
schräg verlaufen, aber doch senkrecht zu zwei einander
parallelen Flächen liegen. Schon auf Taf. 3 *b* ist eine derartige
Übung mit enthalten. Falls es das Schülermaterial nötig macht, kann
noch einfacher begonnen werden, etwa mit Taf. 5, Fig. 1—4. Diese
Prismen sind mit quadratischem Querschnitt gedacht; der Oberteil derselben ist als Rest eines Würfels anzusehen. — Zur Lösung: Das auf-
gegebene Profil (Aufriß) ist erst stets in beiden betreffenden Parallel-
flächen zu zeichnen, bei vorheriger Angabe der Teilungsmarken auf
den Kanten des isom. oder kavalier-persp. Vollkörpers. — Fig. 5—7,
Taf. 5 können angeschlossen werden; Fig. 8 wird am besten erst mit
verarbeitet bei

7. Übung Taf. 4, falls sie nötig werden sollte. — Zur allgemeinen
Ansicht steht ein Prisma mit schwalbenschwanzförmigem Ausschnitte. Entwickelung der Parallel-P. an der Wandtafel (Taf. links
oben). „Die Schrägkanten des Ausschnittes dürfen nicht nach Gefühl
eingetragen werden, dann wird der Anfänger fast ausnahmslos den
Ausschnitt schief (ungleichschenklig) einsetzen; die Trapezform wird nur
sicher perspektivisch richtig, wenn ihre Ecken durch die Maße auf resp.
in der Richtung der Prismenkanten bestimmt werden. Man beachte
die Marken, auch die der Aufnahmeskizze."

Das Verlängerungsgegenstück ist unter die erste Figur zu
setzen (Taf. 4 unten). — Hieran schließt sich die interessante Übung
ohne Modell: Wie sieht das Gegenstück aus, wenn eine Eckverbindung
gedacht ist? — Taf. 4 zeigt diese Aufgabe in zwei Perspektivarten und
zwei verschiedenen Lagen; es sind noch weitere Lagen möglich (Beweglichkeit der Formvorstellung), so daß verschiedene Schülergruppen
verschiedene Lagen bearbeiten. — Projektionen des Gegenstückes
oder der Eckverbindung nachträglich.

Eine Schwierigkeit wird dabei mit auftreten: die gute Verteilung auf dem Bogen. Auf diese müssen die Schüler hingewiesen, müssen zu ihr angehalten werden, denn sie gehört zum „guten Tone" des zeichnerischen Vortrages; gefällige Anordnung empfiehlt die gesamte Arbeit. — Ausprobieren der Anordnung im Buche!

Zum Füllen des Blattes eignet sich vielleicht Taf. 5, Fig. 8 oder auch eines der auf Taf. 4 weiter angegebenen Objekte. — Rechts oben eine Verlängerungsverbindung in Holz, unten rechts die perspektivische Vorbereitung dazu. Hierbei tritt die Frage auf:

Wie wird das regelmäßige Sechseck wenigstens annähernd korrekt freihändig perspektivisch aus dem Kopfe gezeichnet? — Wir können Maße bekanntlich nur in der Richtung der rechtwinklig aufeinandertreffenden Kanten des Vollprismas anbringen! also werden wir zum Sechseck das Rechteck als Baugerüst benutzen, weil nämlich das dem Sechsecke umschriebene Rechteck ziemlich sehr genau das Seitenverhältnis $6:7$ aufweist (Taf. 5). — Freihändig wird man also vom perspektivischen Quadrate ausgehen, nach der einen Seite ein Sechstel dazu schlagen und die so gewonnene Figur vierteln nach Maßgabe des regelmäßigen Sechseckes Figur rechts oben Taf. 4.

Die beiden Körper mit ⊔-Profil müssen in Kavalier-P. gezeichnet werden, da bei Isometrie eine der 45°-Flächen als gerade Linie erscheint, was unschön wirkt und auch die Schüler leicht irre führt.

8. Als Klassenaufgaben, die in gegebener Zeit zu lösen sind, eignen sich sehr gut die beiden Konsolen Fig. 9 und 10 und das Lagerböckchen Fig. 11 auf Taf. 5. Bei diesem mag noch ein horizontaler Schnitt in die Perspektive eingetragen werden; Fig. 9 ist mit Untersicht zu zeichnen.

d) Die dimetrische Darstellungsart.

Die Isometrie hat den großen Vorteil, daß nur einerlei Maßstab dabei erforderlich ist; jedoch entsteht bei der Bearbeitung von Körpern mit quadratischem oder regelmäßig achteckigem Querschnitte, mit regelmäßiger Vier- oder Achtteilung oder bei 45° geneigten Flächen die Unbequemlichkeit und Unschönheit, daß Kanten sich decken resp. daß Flächen als gerade Linien erscheinen. Schon vorhin wurde empfohlen, durch Benutzen der Kavalier-P. dergleichen aus dem Wege zu gehen. Hat man reifere Schüler vor sich, so kann man ihnen eine weitere Art parallel-perspektivischer Darstellung geben, die sich ebenfalls leicht und bald freihändig beherrschen läßt. Wir wollen sie hier kurz die dimetrische nennen, da mit zwei Maßstäben darin gearbeitet wird. Sie hat allerdings vor der „Kavalier-P. mit auf die Hälfte verkürzten Tiefen" (Textfig. 5 unten) nur voraus, daß die Winkel perspektivisch richtig erscheinen, was bei Kavalier-P. nicht der Fall ist.

Tafel 5.   Das dimetrische Bild des Würfels erhält man, wenn in der Textfig. 6 der Winkel α und dann β gleich 20° gemacht wird. Fig. 12, Taf. 5 zeigt das Ergebnis mit dem sehr bequemen Verhältnis 2 : 1 der Würfelkanten und der Neigung von 7° und 40° der Schrägen zur Horizontalen. — Diese Fig. 12 ist zugleich ein erweitertes Beispiel für Schattierung.

Fig. 13 ist eine quadratische gerade Pyramide mit zwei Schnitten lotrecht und einem solchen parallel zur Grundfläche: linker Schnitt ein gleichschenkliges Dreieck, rechter ein Paralleltrapez, oberer ein Quadrat.

9. Dimetrische Übungen. — Alle weiteren auf Taf. 5 angeführten Objekte sind solche, für deren Darstellung sich die isometrische nicht gut eignet. — Nur zu einigen ein paar Bemerkungen.

Die Durchsteckarbeit (Fig. 16 a und b) hat nur den einen Grundriß nötig, der zwischen beide Aufrisse gelegt ist.

Fig. 19 wird am besten aus dem Vollprisma entwickelt, da die beiden Pyramiden zu steil sind, um von ihnen die Spitze benutzen zu können. Wie ist da zu verfahren?

Von Fig. 20 muß der ganze Grundriß erst perspektivisch angegeben werden, dann ist die Pyramide zu zeichnen. Der Durchstoß ihrer Schrägkanten ist nach Fig. 13 Eckschnitt links zu bestimmen und liegt auf der lotrechten Mittellinie der Prismenfläche; der Durchstoß jeder der vier Prismenkanten liegt auf der Mittellinie der Pyramidenseitenfläche, wie ein Blick in den geometrischen Grundriß lehrt.[1]

Bei der Platte (Fig. 18) und der Ankerplatte (Fig. 21) ist in der Perspektive ein Viertel herauszuschneiden.

10. Besondere Schnittübungen. — Die Fertigkeit in der Benutzung von Schnitten ist möglichst zu fördern, weil sowohl das Lösen von Durchdringungen darauf beruht, als auch, weil perspektivische „Schnittfiguren" interessant und anschaulich sind, zumal wenn Hohl-

---

[1] Diese Aufgabe und ähnliche habe ich schon vor 27 Jahren parallelpersp. von Lehrlingen lösen sehen, die im Projektionszeichnen noch beim *A B C* waren; ich war selbst darunter und habe noch einige dieser isometrisch genau konstruierten Zeichnungen zur Hand.

räume mit in Frage kommen; ganz gleich, ob es sich dabei um Zeichnen aus dem Kopfe oder nach dem Modelle handelt. Außerdem zwingt das Schnittelegen resp. das Verfolgen des Schnittes von seinen gegebenen Stellen aus zum folgerichtigen Formvorstellen.

Unter diesem Gesichtswinkel mögen diese „Schnittübungen" an Prismen und Pyramiden betrachtet werden.

Bei den Übungen im bisherigen „Hinwegnehmen von Teilen" von einem Ganzen sind auch Schnitte gelegt worden; doch war die Lage derselben immer noch eine derartige, daß der Verlauf der „Schnittspuren" sich wie von selbst ergab. Jetzt sollen die Schnitte freier angenommen werden; ihre Bestimmung verlangt schärferes Denken. — Bis jetzt wurden auch immer möglichst konkrete Fälle gewählt, so daß der Lernende praktische Objekte bearbeitete. Jetzt sollen abstrakte Fälle behandelt werden, als notwendige Steigerung des Bisherigen.

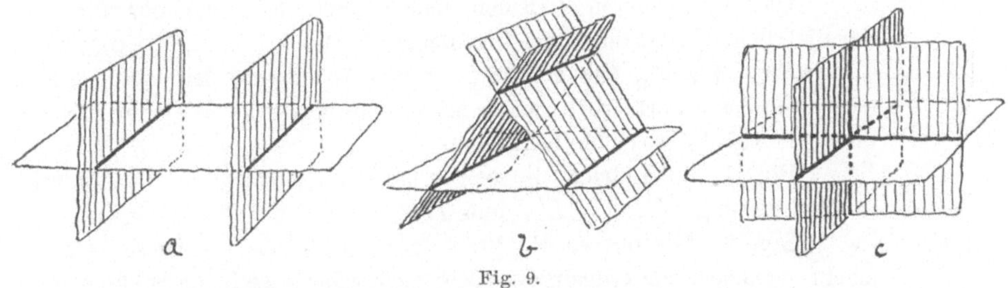

Fig. 9.

Als Einleitung sei auf die folgenden elementaren Sätze verwiesen, die aber sämtlich schon in den konkreten Fällen mit enthalten sind. Es ist gut, die Schüler auf einzelne solche Fälle zurückzuverweisen, damit doch wieder das Bekannte der Vorhof zu dem Neuen wird, in welchem sie sich nun bewegen sollen.

I. Die Lage einer Ebene ist bestimmt:
  a) durch drei Punkte, die nicht in einer Geraden liegen;
  b) durch eine Gerade und einen außerhalb derselben liegenden Punkt;
  c) durch zwei sich schneidende und
  d) durch zwei parallele gerade Linien.

II. Da zwei Ebenen sich nur in einer Geraden schneiden (jede gerade Körperkante ist eine solche Schnittlinie), dann schneiden sich drei Ebenen:
  a) in zwei parallelen Geraden, wenn zwei parallele Ebenen von einer dritten geschnitten werden (Textfig. 9 a). Zum Vergleich der Schrägschnitt am Schwalbenschwanzzapfen Taf. 4 und Schnitt parallel zur Grundfläche Taf. 5, Fig. 13;

b) in drei parallelen Geraden, wie am dreiseitigen Prisma oder in dem lotrechten Pyramidenschnitte Taf. 5, Fig. 13 rechts (Textfig. 9 b);

c) in einem Punkte, wie in dem Projektionstafelmodelle Textfig. 9 c. — Jede Ecke eines Prismas z. B. ist so ein Punkt; in ihm laufen stets drei Kanten zusammen.

Die Beweise unterlassen wir hier; sie gehören in die allgemeine Stereometrie.

Tafel 6 u. 7.   In den Aufgaben der Taf. 6 und 7 sind **Prismen und gerade Pyramiden durch eine Ebene zu schneiden, die fast ausnahmslos durch drei Punkte bestimmt ist.** — Lassen sich zwei Schnittspuren sofort zwischen den Punkten angeben, so ist der Fall nach Ic oder Id verschoben; ist nur eine Schnittspur ohne weiteres möglich, dann liegt noch Ib vor. Der endgültige Verlauf der Spuren bis zur Fertigstellung der Schnittfigur ist auf Grund der Sätze unter II zu suchen. —

Die verwendeten Prismen haben mit Ausnahme der Fig. 24 parallel liegende Grund- und Deckfläche.

Fig. A zeigt, wie die zeichnerische Ausführung sein kann, wenn doch noch das ursprünglich Gegebene, das Resultat, der Weg zur Lösung und der Abfall lesbar bleiben sollen.

Fig. 1, ein Würfel; die beiden unteren Punkte ∥ der Unterkante. — Zur Lösung: Ic, Id; IIa und IIb.

Fig. 2. Die oberen Punkte ∥ der Vorderkante. — Diese Aufgabe macht manchem merkwürdig viel Kopfzerbrechen, weil der Schüler noch zu ungeübt ist, rasch den in Frage kommenden einfachen theoretischen Fall herauslesen zu können; solch Zerlegen und Zurückführen auf die wenigen Grundprobleme ist die Hauptschwierigkeit selbst für fortgeschnittenere Schüler. — Hier liegt nur Id vor; weiteres ergibt sich ganz von selbst.

Fig. 3. Die vorderen Punkte ∥ den Längskanten Ic, dann IIa.

Fig. 4. Hier liegt zunächst Ib vor; dann wird zufolge IIa durch den 3. Punkt eine Parallele gelegt, worauf Ic noch eintritt; dann fortgesetzt IIa.

Fig. 5. Sofort Ic, dann IIa.

Fig. 6. Sofort Ic, dann IIa usf.

Bei den weiteren Aufgaben an dreiseitigen Prismen ist zur Lösung zu beachten, daß die Schnittfigur sicherlich ein Dreieck ist, wenn das Prisma nur lang genug gedacht wird. Auf Taf. 6 genügt das Verlängern nach nur einer Richtung hin, auf Taf. 7 muß nach zwei Richtungen hin verlängert werden. — Den Weg zur Lösung läßt Fig. 7 genügend erkennen.

Noch zu bemerken ist: In Fig. 16 sind nur zwei Punkte gegeben und die Bedingung, daß die schneidende Ebene lotrecht auf der wagrechten „Dachbodenfläche" stehe; die Lösung ist angedeutet. — Die Spur ab in Fig. 17 soll lotrecht sein. Zur Lösung denke man sich den Körper zum rechtwinkligen Vollprisma ergänzt und beachte den Schnitt der Ebene abc mit der angedeuteten lotrechten Mittelebene.

Frage: Wie gestaltet sich in Fig. 17 die Lösung, wenn c auf der Schrägkante angenommen wird? und wie, wenn b und c wie in Fig. 17 bleiben, aber a auf die lotrechte Vorderkante kommt?

Winkelprismen wie in Fig. 12 und 18 denke man sich zu Vollprismen ergänzt und dann verlängert, falls es nötig ist.

Prismen mit trapezförmigem oder fünf- und mehreckigem Querschnitte ergänze man erst zu dreiseitigen und behandle diese zunächst.

Bei Fig. 21 vergleiche man die Textfig. 1, welche dieselbe Aufgabe zeigt.

Gehen wir noch einmal zu Fig. 7 zurück, so finden wir, daß noch eine Lösung möglich ist mittelst eines Punktes o, der auf der angestrichenen Kante und zugleich in der Verlängerung ac liegt. Es ist also nicht immer nötig, sich das Prisma in seiner Längsrichtung fortgesetzt zu denken, um zur Lösung zu gelangen durch den Punkt o, als gemeinsamen Punkt dreier Ebenen (nach IIc), sondern es genügt die Verlängerung einer geeigneten Kante; zuweilen werden auch zwei nötig.

Frage: In welchen Aufgaben von Fig. 7—25 ist eine Lösung in diesem Sinne möglich?

In den Fig. 26—29 muß mit dem Hilfsmittel der Projektion gearbeitet werden resp. mit projizierenden Hilfsebenen. Z. B.: die Schnittfigur in 26 muß allem Anschein nach ein unregelmäßiges Viereck werden, da Grund- und Deckfläche schon solche sind und der 4. zu suchende Punkt d nicht außerhalb des Prismas fällt. Das Prisma zum dreiseitigen ergänzen (s. oben), führt zur Lösung, doch kostet sie viel Platz, außerdem ist eine neue ohne dies möglich. Also Fig. 26:

Die Diagonalen der Grundfläche sind die Projektion der Diagonalen der Schnittfigur; die parallelen Längskanten dienen als Projizierenden! Nehme ich den Schnittpunkt in der Grundfläche (s. d. Pfeilspitze) hinauf nach ac, so habe ich hier den Diagonalschnittpunkt der Schnittfigur erfaßt. Über diesen Punkt von b aus in der Pfeilrichtung gezogen, wird auf der hinteren Längskante d ergeben.

Abänderung dieser Aufgabe Fig. 26: b und a mögen bleiben, c soll etwas höher rücken, so daß bd die Deckfläche durchstößt!

Fig. 27. Gerade quadratische Pyramide. Lösung ganz im Sinne von 26.

Fig. 28 ebenso. Der Weg, wie die „Übergangsstelle" der Spuren von der Schrägfläche in die lotrechte Fläche zu finden ist, ist angedeutet.

Fig. 29. Die vorderen Punkte liegen ‖ der Grundkante der Pyramide. — Hier ist eine andere Lösung wie die vorige angedeutet. — Nach Satz *II b* muß die Spur in der Hinterfläche der Pyramide ‖ der Vorderspur werden. Durch diese Hinterspur wird eine lotrechte Hilfsebene gelegt, welche zunächst die Pyr.-Grundfläche von links nach rechts (wie ist aber dieser Schnitt zu finden?) und die seitlichen Prismenflächen lotrecht schneidet. — Wie man die „Übergangsstelle" bestimmt, ist aus der Skizze genügend zu sehen.

Fig. 30—32. Es kann nicht eine Spur sofort gezeichnet werden; die schneidende Ebene ist also nur nach *I a* bestimmt. — Zur Lösung: Es ist ein vierter Punkt zu suchen, der natürlich nicht windschief zu den 3 gegebenen Punkten liegen darf und dabei in einer Körperfläche mit einem dieser 3 liegen muß, damit die erste Spur in dieser Fläche ermöglicht wird. So ist der Fall auf frühere zurückgeführt.

Fig. 30. Der 4. Punkt ergibt sich als Durchstoßpunkt *d* der Geraden *a b* mittelst der lotrechten (schraffierten) Hilfsebene, welche die vordere und die verlängert gedachte hintere Prismenfläche in lotrechten Hilfsspuren schneidet; diese wurden durch die Hilfsspur in der Grundfläche bestimmt. — Es sind noch 2 Lösungen möglich: von *b* über *a* mit *d* in der verlängerten Oberfläche oder der Seitenfläche, von *c* über *a* mit *d* in der verlängert gedachten Grundfläche.

Fig. 31 zeigt eine Lösung in gleichem Sinne.

Fig. 32 könnte ebenso gelöst werden. Ein Durchstoßpunkt *d* müßte in der nach links und unten verlängerten äußersten rechten Seitenfläche gesucht werden. — Hier eine andere Lösung: Jede Gerade, die auf das Dreieck *a b c* gelegt wird, durchstößt in der Verlängerung eine der Grenzflächen des Prismas. Dieser Durchstoßpunkt muß denselben Bedingungen entsprechen, wie der in 30 und 31. Bestimmt wird er mit Hilfe des Grundrisses im Sinne der Lösung Fig. 26. Die Aufgabeskizze deutet die Lösung an.

B. Krummflächige Objekte.

Der Kreis als Hauptmotiv hat jetzt die Führung.

Einleitende Übung. — In die Flächen des isometrischen Würfels sind berührende Kreise einzulegen. — Mit Vortrag und genauer Entwickelung an der Wandtafel; die Schüler konstuieren sorgfältig und nicht zu klein (Würfelkante ca. 8 cm) im Buche, damit sie diese „Schlüsselfigur" später stets zur Hand haben. —

Das Übertragen des Kreises in die Parallel-Perspektive muß, da genau konstruiert werden soll, aus dem geometrischen Bilde erfolgen; ein Teil desselben genügt schon (Textfig. 10 unten links). Den Gang der Entwickelung zeigt die Figur in genügender Weise. Immer wird die geometrische Länge der Würfelkante ohne weiteres als Länge für die

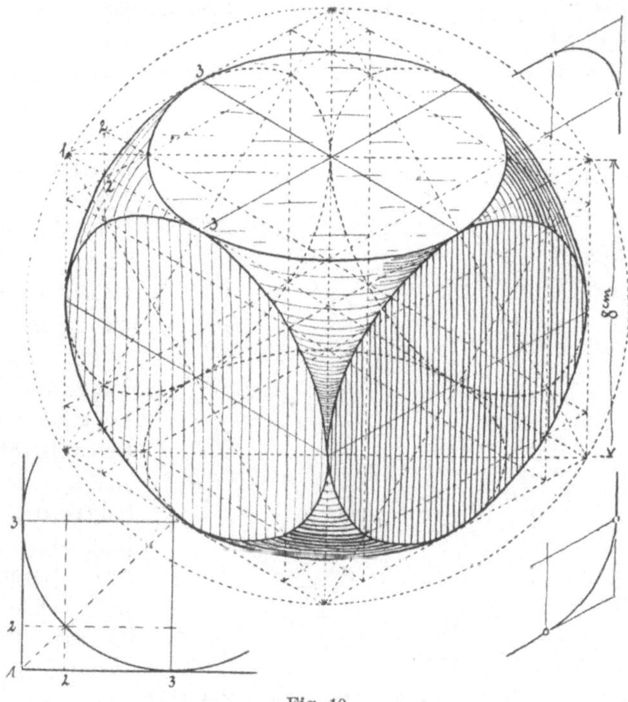

Fig. 10.

isometrische benutzt; dadurch erhält man zwar ein etwas zu großes isom. Bild — ein Umstand, der nicht stört, — aber man spart dabei den Proportionalwinkel oder den Verkürzungsmaßstab.

Dies Bild Fig. 10 ist eine Art Schlüsselfigur für alle folgenden Übungen, in welchen Kreise oder Teile von solchen vorkommen, deren Ebenen wie hier parallel und rechtwinklig zueinander liegen.

Ehe wir zu den Übungen gehen, sei hier an der Hand dieser Figur noch auf folgendes hingewiesen:

1. Der (obere und untere) wagrecht im Raume liegende Kreis erscheint als Ellipse mit wagrechter Großachse.
2. Die (vier anderen) lotrecht im Raume stehenden Kreise erscheinen als Ellipsen mit schräger Großachse.
3. Denken wir uns, daß von diesen Kreisen irgend zwei einander parallel liegende einem geraden Zylinder angehören, so ist jede Ellipsengroßachse stets rechtwinklig zur Zylinderachse gelagert.

Da später die isometrischen Kreise lediglich mit Hilfe ihrer Achsen gezeichnet werden sollen, so genügt für freihändige Darstellung das Achsenverhältnis 3 : 5.

Wenn isometrische Viertel- und Halbkreise zu zeichnen sind, so ist es oft zu umständlich oder störend, die vollen Ellipsen herzurichten. Um jene Kurvenstücken dennoch richtig zu krümmen, dienen die vorher zu zeichnenden Tangenten derselben mit den angegebenen Berührungsstellen als Prüfungsmittel: der Kreisbogen hat an der Berührungsstelle ohne Knick in die Tangente überzugehen. Eine alte Geschichte, die aber in diesem Freihandzeichnen ohne Modell mit großem Vorteil zu verwenden ist. — Wer den Versuch macht, in irgend ein parallel-perspektivisches Quadrat einen verkürzten Kreis zu zeichnen, und achtet streng darauf, daß die Kurve genau an den Seitenmitten berührt, der wird durch die Seiten-Tangenten förmlich gezwungen, die einzig richtige Ellipse zu machen.

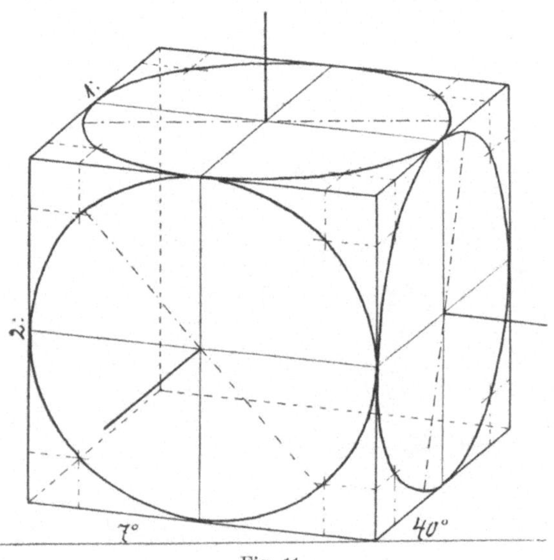

Fig. 11.

Bei dem dimetrischen Bilde des Würfels mit Kreisen in den Seitenflächen (Textfig. 11) haben die obigen drei Regeln auch Geltung. Als Achsenverhältnis für die Ellipsen genügt bei freihändigen Arbeiten 7 : 8 und 1 : 3 (genauer 1 : 3¹/₆).

Der Zylinder. — Allgemeines. — Der gerade Kreiszylinder in isometrischer Darstellung läßt sich 12 verschiedene Stellungen geben, die alle bequem zu zeichnen sind. Diese Lagen sind in Textfig. 12 zusammengestellt; alle sind aus dem isometrischen Würfel entwickelt zu denken. — 1. Reihe (von links her) mit Aufsichten, 2. Reihe mit Untersichten, Zylinder mit im Raume lotrechter und wagrechter Achse, 3. und 4. Reihe zeigt jene Würfel- resp. Zylinderbilder um 90° gedreht, so daß zwei neue wagrechte Lagen und vier im Raume schräge Lagen des Zylinders erscheinen. — In der Regel genügen die sechs Lagen der linken und oberen Reihe.

Textfig. 11 stellt sofort drei dimetrische Lagen des Zylinders zur Verfügung; zwei Spiegelbilder ergeben weitere zwei wagrechte Lagen;

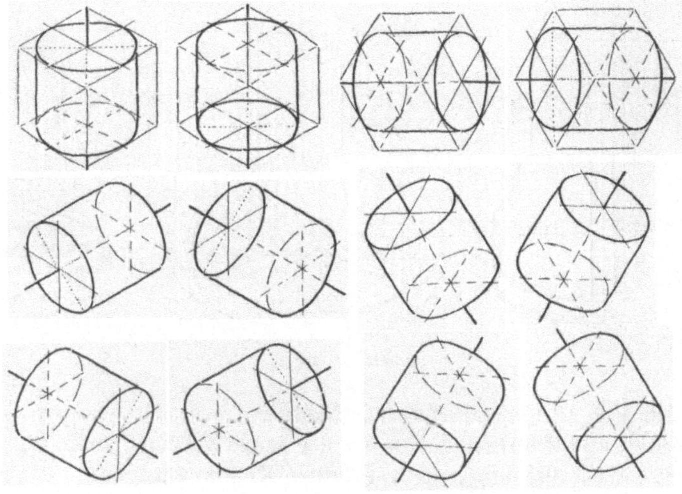

Fig. 12.

außerdem noch lotrechte Lage mit Untersicht. — So braucht man um etwaige Einförmigkeit beim Lösen einer Aufgabe nicht zu bangen — auch der gegenseitigen Abseherei ist damit ein Riegel vorgeschoben — denn 12 typische Stellungen stehen zur Auswahl. Bevorzugt wird jedoch von den Schülern die isometrische Darstellung, da das Arbeiten nur mit einerlei Maßstabe das bequemere ist.

Beim plastisch-anschaulichen Zeichnen von Zylindern oder Teilen solcher unterlasse man nie, die Zylinderachse und die beiden wirklichen Kreisdurchmesser einzuzeichnen; in der Zusammenstellung Fig. 12 sind diese drei stets angegeben. Sie liegen parallel den Kanten des gedachten umhüllenden Würfels und geben also stets die Richtungen an, in welcher die Maße angesetzt werden müssen; ja in den meisten Fällen wird man die Maße von ihnen aus entwickeln.

Außerdem geben diese Durchmesser diejenigen Lagen für Schnitte und etwa anzusetzende Teile, z. B. Hebelarme an, die die günstigste Bildwirkung garantieren. Wie das zu verstehen ist, mag Textfig. 13 illustrieren.

13*a* ist isometrisch richtig, aber unvorteilhaft; denn da gewisse Flächen als gerade Linien erscheinen, wirkt das Bild unklar, ungenügend plastisch-anschaulich. In Fig. 13*b* ist alles in bester Klarheit zu sehen[1]); da ist auch das vorhin bei Textfig. 10 über isometrische Viertelkreise Gesagte deutlich vorgeführt.

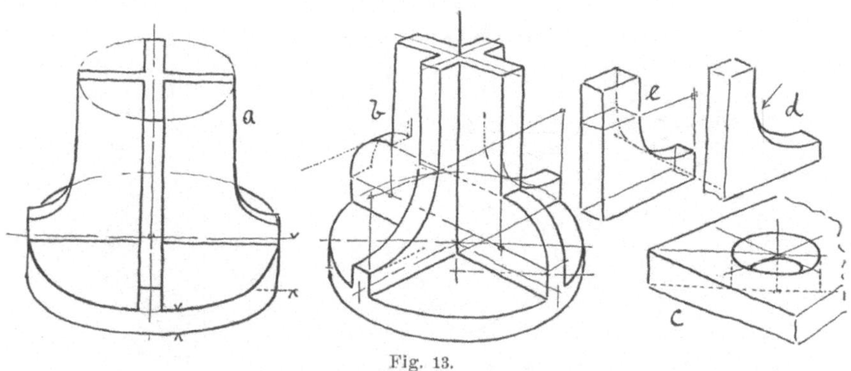

Fig. 13.

Die Fig. 13*a*, *c* und *d* veranschaulichen außerdem noch **typische vorkommende Fehler**. *a*: wenn der junge Zeichner unterläßt, auch die große Achse des untersten verkürzten Kreises anzugeben, so verfällt er sehr leicht (auch im Zeichnen nach Modell) in den Fehler, der durch die Pfeilspitzen angedeutet ist. Die durch dieselben markierten Erzeugenden des zylindrischen Plattenrandes müssen aber ringsum gleich lang sein, wenn die Platte nicht, wie hier, vorn dünn und beiderseits in der Mitte dick aussehen soll. — *c*: das soll ein zylindrisches Loch sein! Hier schützt nur die Angabe auch der unteren Ellipsenachse und der beiden Grenzerzeugenden vor dem „ungefähr so“, d. h. vor dem ungenügenden Durch- und Durchdenken. — *d*: die beiden

---

[1]) In Fig. 13*a* ist der kreuzförmige Querschnitt gleichschenklig zu denken; in *b* sind absichtlich zwei verschiedene Schenkelmaße im Querschnitte angenommen worden.

Kurven gehen falscherweise tangential ineinander über. Die richtige
Darstellung und das Mittel zur Verhütung des Fehlers: Angabe des
Querschnittes an der Übergangsstelle der Bögen in die Geraden,

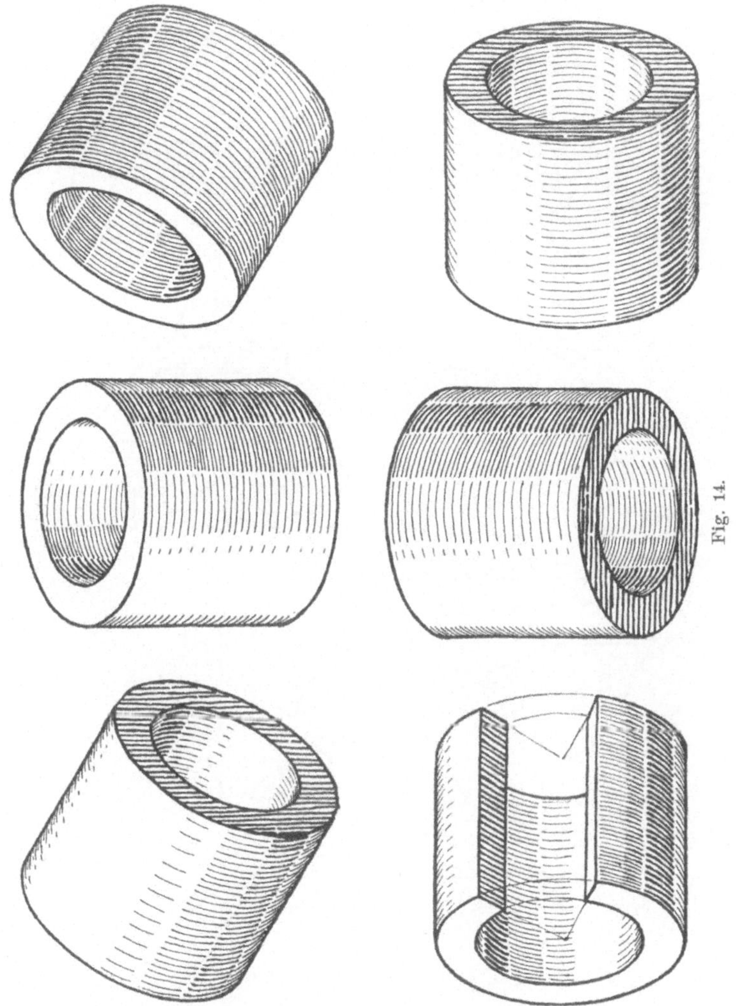

Fig. 14.

zeigt *e*. Auch die punktierte Erzeugende wird hier nötig, wie in *c*
und in *b* links.

    Nur noch ein paar Worte zuvor über die Schattierung. —
Durch dieselbe kann die plastische Wirkung bedeutend erhöht werden,

aber mit je geringeren Mitteln man dabei auskommen will, desto
schwieriger wird die Sache für den Anfänger. Da wir Strichmanier
bevorzugen, so muß durch Lage, Form und Stärke (gleiche oder ungleiche)

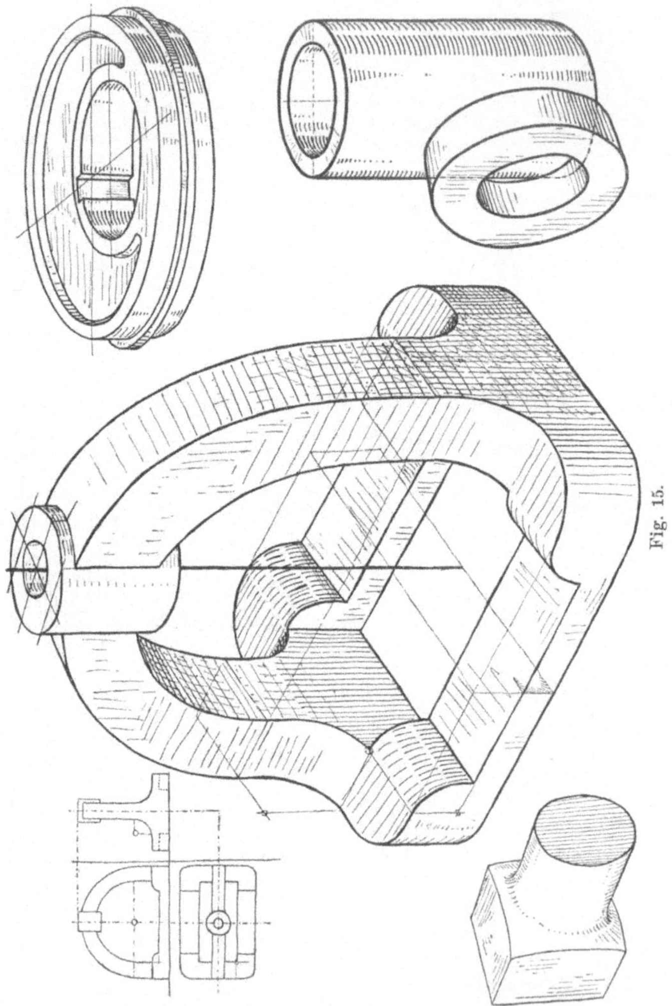

der Striche die Lage, Modellierung und Beleuchtung der Flächen ver-
deutlicht werden. Doch mag die Beleuchtung nicht mit Peinlichkeit
behandelt, Schlagschatten können nötigenfalls weggelassen sein, „male-
rische“ Behandlung ist überflüssig; nur unlogische Ausführung meide

man. Das wäre z. B. der Fall, wenn in Textfig. 14 bei dem aufgeschlitzten Röhrenstück die schattierte Schnittfläche weiß bliebe und die andere dunkel erschiene.

Den Lichteinfall denke man sich wieder von oben links hinten; so ist es allgemein üblich im technischen Zeichnen. An Zylinder- und Kegelflächen mit sehr kurzer Erzeugenden legt man die Schattierstriche am besten in der Richtung der Erzeugenden; bei großen Erzeugenden ist es besser, in „Zonen" zu arbeiten, deren Grenzen genau mit den Erzeugenden gehen (mit Bleistift anzudeuten!) und deren einzelne Striche sich darstellen als Teile von Schnitten, die rechtwinklig zur Körperachse liegen. Die Zonenbreite nimmt nach den Seiten hin allmählich ab gemäß der natürlichen Verkürzung bei gleichmäßig gedachter Einteilung des geometrischen Kreises. Die letzte Zone der Schattenseite behandle man etwas heller (Reflexzone) wie die vorherstehende; dadurch entsteht eine deutlichere Rundung. Gute Ausführung in Zonen zeigt Fig. 14; doch sind Ausführungen wie in Textfig. 15 auch genügend. Übrigens sollen hier keine bindenden Vorschriften gegeben sein, sondern nur ein Mittel, wie im Massenunterricht die Schüler ohne Vorlagen in das selbständige Schattieren eingeführt werden können.

Bei doppelt gekrümmten Flächen muß der Lehrer im Notfall helfend mit einspringen, doch haben die meisten Schüler bis dahin so viel selbständiges Urteil und Geschick erworben, daß sie Genügendes liefern.

11. Übungen. Den Haupttypus derselben bildet der gerade Tafel 8—12. Zylinder und Schnitte durch denselben parallel oder rechtwinklig zur Achse desselben, so daß wir also Rechtecke oder Kreise als Schnittfiguren haben. — Sind entsprechende Modelle vorhanden, so stehen sie zur allgemeinen Ansicht. (Taf. 8—12.)

Drei Gruppen dieser Übungen, der Schwierigkeit nach:

a) Fig. *A*, 1—5 und 17; es ist nur eine Achse da, auf der alle Kreiszentren liegen, die in Frage kommen.
b) Fig. 6—16 und 18; die nötigen Zentren liegen auf zwei oder mehr Achsen, die aber alle untereinander parallel sind.
c) Fig. 19—22; die Achsen haben rechtwinklige Lage zueinander im Raum.

Beim Zeichnen ist in der Regel mit den Achsen zu beginnen.

Fig. *A* zeigt einen allgemeinen Fall: eine Körperachse, ein Schnitt parallel derselben, ein Schnitt rechtwinklig zu ihr, mit allen Hilfslinien, damit der Gang der Entwickelung sichtbar blieb, darum fehlt auch die Schattierung. — In dieser Figur ist auch zu lesen, daß die gleichmäßige Wandstärke (hier $= \frac{1}{3}\, r$) auf den Ellipsenachsen resp. auf den Durchmessern zu markieren ist, worauf erst die innere Ellipse hergerichtet wird. Ohne dies vorherige Markieren wird gewöhnlich vom Anfänger nicht beachtet, daß die Wandstärke vorn und hinten sich im gleichen Verhältnis verkürzen muß, wie es die Kleinachse der Ellipse tat, und zeichnet vorn, hinten, rechts und links gleiche Stärke.

Fig. 1. Ein Dorn; in 3 verschiedenen Lagen zeichnen, entsprechend der linken senkrechten Reihe Textfig. 12. Am besten dimetrisch; sehr geeignet als erste Schattierübung.

Fig. 2. Säulenfuß. — Nicht vergessen, daß die Grundflächen der 4 Rippen die Richtung der perspektivischen Durchmesser erhalten, damit ein möglichst anschauliches Bild entsteht. (ähnlich Textfig. 13 b). — Fig. 1 und 2 = ein Blatt.

Fig. 3. SHARPsche Klauenkuppelung. — Der rechte Teil derselben ist isometrisch beigegeben. Da sieht man, wie verfahren wurde: auf der Körperachse die Verhältnismaße $a + 3a$ aus dem Aufrißschnitte. Durch diese Marken sind sowohl die Großachsen der in Frage kommenden Ellipsen, als auch die zugehörigen isom. Durchmesser gezogen, damit jeder Kreis korrekt an seinem Platze ist. Die Keilnut mag fertig gemacht werden; diese Schattierung genügt.

Der Schüler mag diesen Teil mit lotrechter Drehachse oder dieselbe von rechts vorn nach links hinten liegend zeichnen. — Das Gegenstück so zeichnen, daß man hineinsieht. (Hier umgreift ein ringförmiges Stück den drüben hervorstehenden Wellenteil a.) — Beide Teile = 1 Blatt.

Tafel 9. Fig. 4. Kleine Riemenscheibe, im Aufriß halb aufgeschnitten. — Es ist zu beachten, daß die Kreisflächen der Nabe nicht in einer Ebene liegen mit den Kreisen des Scheibenkranzes; im übrigen ist das Objekt aufgeschnitten zu zeichnen, im Sinne der beistehenden dimetrischen Darstellung. Stellung beliebig nach Textfig. 12. ($\frac{1}{2}$ Blatt.)

Fig. 5. Klemmkuppelung. — Die zwei Ringe pressen die beiden Schalen fest an die Wellenenden. Aus der oberen Schale $\frac{1}{2}$ wegschneiden, wie der Seitenriß angibt, also analog der Riemenscheibe. Drehachsenlage isometrisch- oder dimetrisch-wagrecht. (1 Blatt.)

Fig. 6. Brille von der Stopfbüchse eines Absperrventiles. — $\frac{1}{4}$ ausschneiden, ähnlich Fig. 4, und die Zeichnung so geben, daß man auf die kegelig abgedrehte Fläche sieht, welche nach Kegelerzeugenden etwas abzuschattieren ist. Die geraden Kantenteile des Flansches sind

Tangenten an die zunächst voll anzulegenden verkürzten Kreise. (Vergl. die Perspektive zu Fig. 8, Taf. 10.) ($^1/_2$ Blatt.)

Fig. 7. Deckel eines Dampfabsperrventiles. $^1/_4$ auschneiden. ($^1/_2$ Blatt.)

Fig. 8. Kurbel oder Hebel. — An der beigegebenen isom. Dar- Tafel 10. stellung sollte namentlich gezeigt werden, wie der Verschnitt der Flächen des Hebelarmes mit der einen Nabe und wie die Tangierung der Seitenflächen dieses Armes mit der anderen Nabe bestimmt wird.

Solcher Hebel kann sehr leicht abgeändert werden, so zwar, daß der Arm ⊤- oder ⊔-förmigen Querschnitt erhält; auch die kleine Nabe kann andere Form bekommen.

Dieses Objekt ist auch sehr geeignet, die „Beweglichkeit der Formvorstellung" zu üben, insofern a) die große Nabe irgend eine der 12 typischen Lagen erhalten und b) der Arm in einer der 4 Pfeilrichtungen von Fig. 8 a angesetzt werden kann.

Endlich können 2 rechtwinklig zueinander stehende Arme angenommen werden (Kniehebel), wobei entweder beide in einer Ebene liegen oder jeder an einem Nabenende sitzt.

Fig. 9. Kurbelscheibe. — Am besten dimetrisch. Die hier wegen der Kanten des Gegengewichtes vorzunehmende Halbierung perspekt. rechter Winkel (oder 8-Teilung des Kreises) erzielt man korrekt mit Hilfe des dem Kreise umschriebenen Quadrates. (Vergl. die beiden Textfig. 10 und 11.)

Dieses Objekt ist gut geeignet, die Gießform, also das Gegenstück zeichnen zu lassen. Man nehme dazu die glatte Seite der Scheibe nach oben (bei wagrechter Lage) und denke den Deckel abgehoben, damit der Blick ins Innere frei wird. Das Zapfenloch (in Fig. 9 oben) ist in der „Form" nicht zu beachten.

Fig. 10. Kniehebel, bei dem aber die Arme nicht 90° Stellung zueinander haben. Fig. 10 und 10 a deuten genügend an, wie für die Perspektive dennoch vom rechten Winkel auszugehen ist (bei Aufnahme solchen Objektes ebenfalls) und wie mittelst der beiden Katheten der spitze resp. stumpfe Winkel perspekt. richtig zu zeichnen ist.

Fig. 11. Einarmiger, aber geknickter Hebel. — Die Aufgabeskizze und Fig. 11 a zeigen ausreichend, wie die richtige perspekt. Form zu entwickeln ist.

Fig. 12. Daumenscheibe. — Am besten dimetrisch oder in Kavalier-P.

Fig. 13. Dieser Fuß muß dimetrisch oder in Kavalier-P. ge- Tafel 11. zeichnet werden. — Die Höhe der 4 Schraubenangüsse ist auf der

Achse des Bohrloches von der Grundplatte aus aufzutragen. Falscherweise verfahren viele Schüler umgekehrt; sie tragen diese Höhe in die Platte hinein, wie die kleine perspekt. Nebenskizze zeigt. Wegen der richtigen Lage der Rippen auf der Platte s. Textfig. 13 *b*.

Fig. 14. Wurfrad (bei selbsttätiger Beschickung von Kesselfeuerungen). — Es sind für die seitlichen Flächen der Arme beide Verschnittkreise einzuzeichnen.

Fig. 15. Lagerböckchen. — Die Maßmarken zeigen den Weg, wie die stumpfen Winkel der Rippen perspekt. richtig zu zeichnen sind.

Fig. 16. Tischchen von einer Stanze, halb durchgeschnitten. — Auch hier läßt sich, ähnlich wie zu Fig. 9, die Gießform leicht entwickeln.

Fig. 17. Einringventil. — Der Schnitt im Aufrisse ist, wie bei solchen Objekten üblich, in gebrochener Linie geführt, wie der Grundriß zeigt. — In der Perspektive ist ein keilförmiges Stück, wie im Grundriß angedeutet, auszuschneiden, damit man den Querschnitt sieht.

Fig. 18. Kette, in einer belgischen Fabrik im Betriebe. Alle Glieder sind einander gleich. — Ein Glied ist zu zeichnen.

Tafel 12. Die dimetrische Darstellung unten links Taf. 12 zeigt eine Art Verstärkungswinkel, wie solche bei Zimmerwerk benutzt werden. — Der Schüler rücke die Rippe in die Mitte und kann dieselbe event. auch an Schraubenangüssen enden lassen. — Dieser Winkel ist sehr geeignet, in den verschiedensten Lagen dargestellt zu werden.

Fig. 19. Gabel, sehr verschiedene Lagen möglich.

Fig. 20. An diesem Bügel ist die Durchdringung des $\top$-Profiles mit der Zylinderfläche in gleichem Sinne zu lösen, wie es mit dem Kurbelarm und der großen Nabe (Taf. 10, Fig. 8) geschehen ist. Die Zentren der beiden in Frage stehenden Verschnittkreise sind in der Aufgabeskizze umringelt. — Es ist hier von großem Vorteil, an den Stellen, wo ein gerader Teil in den krummen übergeht, das perspekt. Profil einzutragen (vergl. Textfig. 13 *e*).

Fig. 21. Regulatorarm; das persp. $\top$-Profil eintragen (analog Fig. 20).

Fig. 22. Dieses gabelförmige Stangenende bringt einen Fall, wo Bögen von weniger als 90^0 eine S förmige Kurve bilden; bei Konsolen kommt das häufig vor. — Man zeichne den Bogen von *o* aus zunächst als Viertelkreis, bestimme dann das Zentrum *q*, ziehe die Zentrale *o q*, welche die Übergangsstelle *s* angibt, nun gebe man noch den Anschlußpunkt *p* an und ziehe schließlich Bogen *s p* nach Schätzung (zum Vergleich Fig. 22 *a*). Bei dieser Lage der S-Kurven verblüfft die Schüler gewöhnlich, daß die beiden „nicht parallel" erscheinen in der Perspektive. Und doch ist das richtig, denn nur dann ergibt sich, daß die (parallel liegenden) Erzeugenden dieser zylindr. Flächen immer gleich lang sind.

12. Übung. — Sie könnte mit zur Gruppe 11 c gestellt werden; Tafel 13. doch hier liegt ein anderes, hervorstechenderes Merkmal vor: Ein Kreisbogen geht in einen anderen über und beider Ebenen stehen recht- winklig zueinander, oder: **eine zylindrische Fläche geht über in eine Ebene, welche durch Kreisbogen begrenzt ist.** — (Taf. 13.)

Diese eigentümliche Kurvung zeigt anschaulich die dimetrische Darstellung (Fig. B). — Wie sehen die 3 Risse dieses Körpers aus?

Zur handgreiflichen Veranschaulichung dient folgender Körper: Man nimmt einen geraden Vollzylinder, dessen Höhe gleich dem Durch- messer ist (20 cm), schneidet ihn achsial auf und setzt in die Mitte der quadratischen Schnittfigur des einen Teiles einen Dübel, um den sich der andere Teil drehen läßt.

Neben Fig. B ist eine Anwendungsform dieser Kurven gegeben: von einer Schleifmaschine eine Stütze des Tischchens, welche am Maschinen- gestell angeschraubt ist. — 1. Wie sehen die drei Risse dieses Dinges aus? Und 2. wie die Perspektive des Gegenstückes? (Nach Fig. 25 zu nehmen.)

Fig. 23. Wenn der Aufriß dieses geometrischen Körpers nach links verdoppelt wird, dann ergibt der Ausschnitt gleichsam das Negativ des Körpers B.

Fig. 24. Gabel von einer Hebelvorrichtung.

Fig. 25. Durch eine Spindel auf- und abbewegbare Stütze, die paarweise ein Tischchen trägt (Schleifmaschine). Hier ist der linke Tischhalter gegeben.

Fig. 26. Wandkonsole. — Untersicht zeichnen. (1 Blatt.)

Fig. 27. Gabelende einer Stange. — Nur für ganz sichere Schüler.

13. Übung mit dem Schrägschnitt des Zylinders (Ellipse). Tafel 14. Die perspektive Lösung zeigt Fig. C. — Gang der Lösung: Nachdem in beiden Kreisflächen die perspektivischen Durchmesser gezogen sind, gebe man die sie verbindenden Erzeugenden an. Diese sind anzusehen als „Spuren" von 2 Achsialschnitten, deren Verschnittlinie die Zylinder- Achse ist und in denen auch beide Achsen des Ellipsenschnittes liegen, denn die Durchmesser sind Projektionen der Ellipsen-Achsen und die

Zentren Projektionen des Schnittes der Ellipsen-Achsen. — Jetzt lege man die große Achse ein, in beliebiger Neigung, zwischen 2 der Erzeugenden; die kleine Ellipsen-Achse muß nun durch den Schnittpunkt der Großachse mit der Zylinder-Achse gehen. In welcher Richtung? Parallel ihren zugeordneten Durchmessern, mit denen sie gleiche Länge hat. (Die Kleinachse ist stets gleich dem Zylinder-Durchmesser.) (Taf. 14.)

Die 4 Achsenendpunkte genügen meist zum Einzeichnen der Kurve, da ja noch der Umstand zur richtigen Formgebung der perspekt. Ellipse verhilft: sie muß die äußersten Erzeugenden des Zylinders berühren. — Weitere Kurvenpunkte wären zu bestimmen mit Hilfe von Schnitten, die sowohl der Zylinder-Achse, als auch der Kleinachse der Ellipsen parallel liegen, wie Fig. *C* zeigt.

Fig. 28. Stahlhalter. Es genügen die Kurvenpunkte, die sich durch die 2 Achsialschnitte ergeben.

Fig. 29. Fräser, mit beigegebener Perspektive. Bei dieser sind außer der Körperachse zuerst die Schneiden gezeichnet; sie sind Durchmesser und zugleich Kleinachsen der Ellipsen. Dann folgten ihnen parallel 2 Durchmesser, welche angeben, wie weit die Ellipsenscheitel zurückliegen; nun die Kurven. — Bei isometrischer Darstellung nehme man nicht 45^0 Neigung der Schrägflächen im Aufrisse.

Fig. 30 behandelt den Fall der einfachsten Zylinder-Durchdringung: Beide Durchmesser sind gleich, die Achsen schneiden sich rechtwinklig; der eine Zylinder ist entfernt worden, damit die Kurven recht deutlich werden. — Dimetrisch oder Kavalier-Perspektive. Für die Lösung beachte man, dass die 4 Endpunkte der Großachsen ein Quadrat *abcd* bilden, und daß Zylinder-Achse, gemeinschaftliche Kleinachse und beide Großachsen sich in einem Punkte schneiden.

Abänderung: Statt des Vollkörpers nehme man eine Röhre. — Durch Zugabe von Flanschen läßt sich leicht ein ⊤-förmiges Rohrstück entwickeln, das z. T. aufgeschnitten darzustellen ist.

Fig. 31 ist etwas ähnliches in der Lösung wie Fig. 28.

Fig. 32. Durchdringung von Zylinder und Pyramide bei gemeinsamer Körperachse, dimetrisch; event. nur eine Pyramide (vergl. Taf. 5, Fig. 20). — Zur Lösung: Der Zylinder-Grundriß muß auf den Grundriß (die Bodenfläche) der Pyramiden mit eingetragen werden; beide müssen in ihren Verhältnissen genau miteinander stimmen und genau perspekt. richtig liegen, sonst wird nicht erreicht, 1. daß die 4 Durchstoßpunkte der Schrägkanten die Ecken eines Quadrates bilden, das geometrisch parallel dem Grundquadrat ist; 2. daß die 4 tiefsten Kurvenpunkte, die auf den Mittellinien der Pyramiden-Seitenflächen liegen, die Ecken eines Quadrates sind, dessen Seiten geometrisch parallel den Diagonalen des Grundquadrates liegen. — Umgekehrt können diese zwei Beziehungen zur Berichtigung etwaiger Ungenauigkeiten im perspektivischen Grundrisse dienen.

Fig. 33. Vierfacher elliptischer Verschnitt eines Zylinders. — Zur Lösung: Im Deckelkreise des Vollzylinders zeichne man parallel den beiden Durchmessern die 2 Paar Ellipsensehnen und bestimme von der Zylinder-Achse aus durch Durchmesser die Ellipsenscheitel, ähnlich wie in der Perspektive rechts oben; nun lassen sich schon die Kurven zeichnen. Von ihrem Verschnitt an fallen sie weg und die Schrägkanten setzen dort an.

Fig. 33. Viereckiger Fuß mit konkav aufsteigenden Seitenflächen. — Zur Lösung: Man schneidet einen solchen Körper, auch wenn die Konkavität nicht auf allen Seiten gleich ist, rechtwinklig zur Achse, also die Seiten nach Erzeugenden. Der Schnitt zweier derselben gibt einen Gehrungspunkt. Fig. 34a zeigt perspektivisch dieses einfache Verfahren, wobei die gestrichelten Kurven den beiden Normalschnitten im Grundriße 34 entsprechen.

Der gerade Kreiskegel und das perspekt. Bestimmen ebener Tafel 15. Schnitte durch denselben. — Beim perspekt. Kegelbild ist zu beachten, daß die äußersten Erzeugenden den verkürzten Kreis tangieren müssen und daß Schnitte parallel zum Grundkreis wieder Kreise sind. (Taf. 15.)

14. Übungen im Anschluß an die Erläuterungsfigur D. Links hinten ein Hyperbelschnitt, rechts vorn beliebiger Schrägschnitt, jedoch wie jener parallel einem perspekt., hier isometrischen Durchmesser. — An beiden Lösungen sind nur Hilfsschnitte verwendet, die den Kegel nach Erzeugenden schneiden, da solche am bequemsten sind. Gewöhnlich reichen für die Kurvenbestimmung die 2 Punkte auf dem Grundkreise und der Scheitelpunkt aus. Zwischenpunkte sind hier gefunden mittelst des Schnittes 1—2, der den Grundkreis parallel zum Durchmesser, die Kurvenfläche also ebenfalls in einer Parallelen hierzu schneiden muß (nach Satz IIb, S. 18). Der Ort der letzteren wird durch den Punkt c bestimmt usw.

Fig. 35. Stahlhalter. — Die Lösung sehr verwandt mit der von Taf. 14, Fig. 28. Der Grundkreis ist in der Persektive mitzuzeichnen, da bis zu ihm die beiden Achsialschnitte zu führen sind, welche zur Kurvenbestimmung gewöhnlich ausreichen.

Fig. 36. Der hier vorliegende Körper könnte etwa zum Gabelende einer Stange ausgebildet werden mit Augen. Den „Übergang" vom zylindrischen Teile zum vierkantigen vermittelt ein Kegel. — In der Perspektive ist mit der vollen Kegelbasis zu beginnen und das Grundrechteck hineinzuzeichnen; an dieses schließt sich das Vierkant an, dessen Seitenflächen verlängert den Kegel in Hyperbeln schneiden. Verschnitt zwischen Kegel und Zylinder ist ein Kreis.

Fig. 37. Hülsengewicht von einem kleinen Zentrifugal-Regulator. In den 2 Paar Augen werden zugleich die beiden Kugelpendel aufgehängt, für deren Arme im Gewichte seitliche Aussparungen da sind. —

Fast genau dasselbe wie im vorigen Beispiele, nur unter anderem Namen; neu dazu kamen nur die seitlichen Aussparungen, die aber keine Schwierigkeit machen.

Fig. 38. Eine Art Klaue, wie sie an Winden vorkommt. — Anwendung des Schnittes vorn rechts in Fig. D, verbunden mit Zylinder-Schrägschnitt.

Fig. 39. Stangenschloß (ohne die Keile). — Jeder Teil ist für sich zu zeichnen.

Nebenaufgabe für Hyperbelschnitte: Sechskantige, kegelig abgedrehte Schraubenmutter.

Tafel 16. Die Kugel. — Jeder ebene Kugelschnitt ist ein Kreis. — Isometrische Skizze einer Halbkugel mit verschiedenen ebenen Schnitten (Fig. E). — (Taf. 16.)

Gang der Entwickelung: Äquator mit den beiden 30° liegenden Durchmessern, auf denen die Meridiane errichtet werden, die als isometrische Halbkreise eine Polhöhe von einem halben Äquator-Durchmesser haben. — Der Umhüllungskreis muß die Meridiane berühren und umgekehrt. Jeder Schnitt parallel zum Äquator muß auch den Umhüllungskreis berühren, ebenso der Schrägschnitt, der parallel dem einen Durchmesser geführt ist.

15. Übungen. — Hierher ist noch zu nehmen von Taf. 15 die Fig. 40: kugeliges Lager. — Ein Viertel herausschneiden.

Fig. 41 a und b. Das zu dem Lager (Fig. 40) gehörige kugelige Ende der Stange mit prismatischem Einschnitt. — Angedeutet ist noch der andere Teil des ohne Reibung und ohne Schmierung arbeitenden „prismatischen Gelenkes".

Fig. 42. Schubstangenkopf zu einer kleinen gekröpften Welle. — Man versäume nicht, dieses Objekt auch liegend, also mit wagerechtem Halbkreise anzunehmen!

Fig. 43. Gasrohrschraubstock.

Fig. 44. Kugeliges Mittelstück eines Kreuzgelenkes ohne Zapfen. In die 2 Paar Ausschnitte mit den zylindrischen Grundflächen greifen die beiden Gabelenden ein, die hier nicht mit dargestellt sind.

Fig. 45. Regulatórkonsol. — Zum Teil aufschneiden, damit der Blick ins Innere frei wird.

Nebenaufgabe für Kugelschnitte: Sechskantige, kugelig abgedrehte Schraubenmutter.

Fig. 46. Geschlossener Schubstangenkopf, an dem die bisher behandelten Drehkörper vereinigt erscheinen, und zwar mit scharfen Verschnittlinien. (Taf. 17.) Tafel 17.

Fig. 47. Stangenauge, an dem der Kegel tangierend in die Kugel übergeht. — Es ist nicht etwa mit der Halbkugel zu beginnen, sondern mit der Vollkugel, da sonst gewöhnlich ohne weiteres der Äquator als Berührkreis angesehen wird. Nachdem die zwei Hauptmeridiane eingetragen sind, gibt man den Verschnittkreis des Kegels mit der Stange an, legt die Durchmesser ein (parallel denen in der Äquatorebene) und zieht nun die Kegelerzeugenden als Tangenten an die Kugel und ihre Meridiane. Nun erfolgen die Schnitte.

Ein Drehkörper mit konkaver Erzeugenden. — Die äußere Begrenzungslinie des perspektivischen Bildes (Fig. F), ist Berührende einer Anzahl Schichtenschnittkreise, die zwischen die gegebenen wahren Erzeugenden (rechts und links sichtbar) eingelegt werden. (Taf. 17.)

Solche Schichtenkreise können bei jedem Drehkörper benutzt werden.

16. Übung. — Schnitte parallel zur Drehachse. Auch hierbei müssen erst die perspekt. Erzeugenden her, wie bei Kegel und Kugel. Wird die Schnittkurve so groß, daß man mit dem Scheitel und den 2 Punkten auf dem Grundkreise nicht auskommt, dann sind mittelst Schichtenschnittes und dessen Projektion, wie Fig. F zeigt, weitere 2 Punkte zu gewinnen. (In Fig. F fällt zufällig ein so gewonnener Punkt in den Schnitt von Drehachse und Ellipsengroßachse.)

Fig. 48. Gabel, an der der Übergang von der runden Stange zum Vierkant durch einen Körper wie den eben besprochenen erzielt ist.

Aufgabe. Zwei solcher Gabeln mit einem Mittelstücke von der Form Fig. B, Taf. 13, nur dieses $1^1/_2$ Würfel lang, ergeben ein einfaches Kreuzgelenk. Dasselbe als Ganzes zeichnen.

Aufgabe. Es ist ein Stangenauge zu zeichnen, gleich dem in der isometrischen Darstellung Taf. 17 rechts oben gegebenen, jedoch

3*

in solcher Lage, daß man auf den Querschnitt der Stange blickt. — Schattierung weglassen, damit die Entwickelung klar sichtbar bleibt.

Fig. 49. Geschlossener Schubstangenkopf als Anwendung des letzteren Falles.

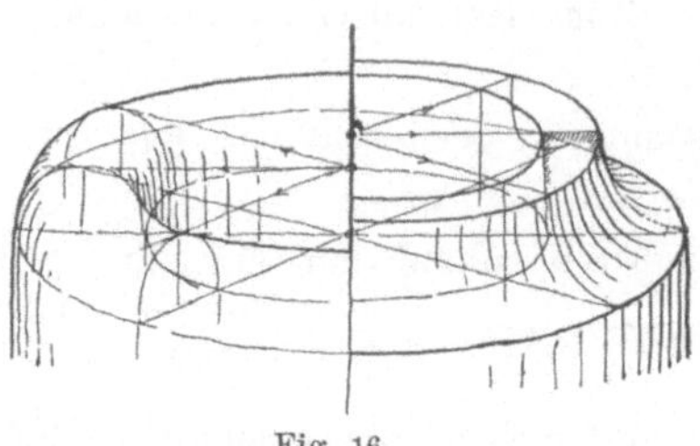

Fig. 16.

Aufgabe im Anschlusse an Textfig. 16: Wulst und Nut von halbkreisförmigem Querschnitte am Zylinder. — Zu lösen im Sinne der genannten Figur, d. h. es werden zuerst die perspektivischen Querschnitte ringsum hergerichtet.

Tafel 18.   Verschnitt zweier Zylinderflächen. — Die Zylinder-Achsen liegen rechtwinklig zueinander, schneiden sich aber nicht. (Taf. 18.)

Fig. *G* zeigt in dimetrischer Weise das Resultat an dem einen Zylinder; der andere ist weggelassen, da von ihm Achse und Kreisschnitt *cxd* ausreichen zur Auffindung der Verschnittkurve.

Gang der Lösung. — Auch hier gilt dieselbe Arbeitsregel, wie im Projektionszeichen: Zur Bestimmung der Kurvenpunkte sind Hilfsebenen zu benutzen, die in der Oberfläche beider Körper möglichst einfach und genau darstellbare Spuren hinterlassen; hier also Kreise und Erzeugenden.

Zwei Achsialschnitte: 1. Wagerechter Querschnittkreis durch den stehenden Zylinder und zwar in Höhe der Achse des liegenden Zylinders. In diesem Kreise, dessen Zentrum P ist, werden die (dimetrischen) Durchmesser angegeben und parallel dem einen die Achse des wagrechten Zylinders eingelegt. 2. Lotrechter Querschnittkreis. für den wagrechten Zylinder, mit dem Zentrum in S. Dieser Kreis ist zugleich die Mittellinie des zylindrischen Ausschnittes. — Beide Kreise dienen dazu, um von ihnen aus geeignete Erzeugenden zu ziehen, die uns Kurvenpunkte bestimmen.

Also: da xy die Schnittlinie beider Kreise ist, so führt durch x eine Erzeugende des wagrechten Zylinders, die zugleich Sehne des wagrechten Kreises ist; dann sind a und b Kurvenpunkte. Eine Erzeugende des stehenden Zylinders durch y ist zugleich Sehne des lotrechten Kreises; dann sind c und d Kurvenpunkte. Diese 4 Scheitelpunkte genügen in verschiedenen Fällen, aber bei so tiefem Ausschnitte wie hier sind mehr Punkte nötig. — Je weitere 4 erhält man durch jede Ebene, die beide Zylinder nach Erzeugenden schneidet; diese bilden ein Rechteck, dessen Ecken die gewünschten Punkte sind. Wie findet man aber die in solcher Art einander zugeordneten Erzeugenden? Immer von den beiden Hauptkreisen ausgehend! Z. B.: es ist eine lotrechte Ebene gelegt gedacht durch S, welche die beiden Querschnittkreise nach 1—3 und 2—4 schneidet; die Punkte 1, 2, 3, 4 geben an, wo die Erzeugenden hingehören. — Eine ebenso liegende Ebene wurde auch durch P angenommen. (Einer der letzten 4 Punkte liegt zufällig im wagerechten Schnittkreise.)

17. Übungen. — Ein vorteilhaftes Erläuterungsmodell ist in Textfig. 17 mitgeteilt; 20—25 cm hoch aus Holz.

Fig. 50 zeigt die Anwendung an einem Objekte ähnlich dem Bajonettrahmen. Unten links ist die halbe Perspektive dazu; S ist das Zentrum für die „Mittellinie des Ausschnittes". Als anderer Querschnittkreis ist der Grundkreis links benutzt. — Bei dieser Tiefe des Ausschnittes genügen die Scheitelpunkte der Kurve nicht. — In andrer Lage zeichnen.

Fig. 51. Augenschraube, als einfaches Beispiel einer einfachen Zylinder-Durchdringung (vergl. auch Taf. 22, Fig. 71). Es genügen die Scheitelpunkte.

Fig. 52. Schraubenanguß eines Lagerdeckels; es genügen ebenfalls die 4 Punkte.

Fig. 53. Zweiteiliger Stellring. — Dieselbe Aufgabe wie 52, nur in anderem Kleide.

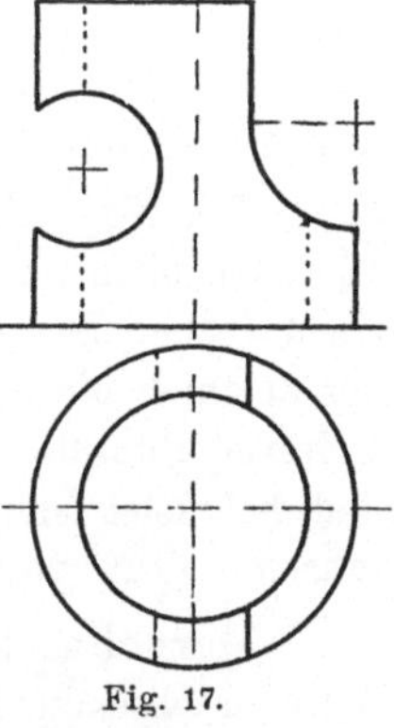
Fig. 17.

Fig. 54. Schraubenangüsse an einem Lager. Erfolgte in 51—53 die Durchdringung mit der Konvexfläche des Zylinders, so kommt hier die konkave in Frage.

Fig. 55. Wandkonsole. — Dieselbe Aufgabe wie 50, nur stehen die Ausschnitte anders zueinander als dort.

Verschnitt von Kegel- und Zylinderfläche. — Die Körperachsen sollen rechtwinklig zueinander sein, sich aber nicht schneiden. — Fig. H erläutert einen Fall genügend. Weitere Kurvenpunkte müssen gewonnen werden durch Schnitte, welche beide Körperoberflächen so einfach als möglich, also hier nach Erzeugenden, schneiden. Zum Vergleiche Schnitt 1—2, Fig. D, Taf. 15. Die Verschnittkurve tangiert die Grenzerzeugenden! (Taf. 19.) Tafel 19.

18. Übungen. — Der Grundkreis des Kegels — es ist stets gerader Kegel angenommen — ist immer mitzuzeichnen, da durch ihn am sichersten die Lage der Erzeugenden ermittelt wird.

Fig. 56. Polschuh oder ein Körper, wie er am Seilschloß ähnlich vorkommt, zeigt das Vorkommen des Schnittes Fig. H doppelseitig.

Fig. 57. Am Schraubenanguß dieses Stahlhalters derselbe Verschnitt wie in H, nur ist hier der Oberteil des Kegels noch da und seine Basis ist weg.

Fig. 58. Schraubenanguß am Lagerdeckel; hier Verschnitt mit der Konvexfläche des Zylinders, in 57 mit der konkaven.

Fig. 59. Regulatorbock. — Hier sind die geübten Schnitte an einem Hohlkörper vorgenommen.

Fig. 60 bringt den einfachen Fall: rechtwinklige Lage und Schnitt der Körperachsen, und der Zylinder mit sehr kleinem Durchmesser. — Hier genügen 2 Paar Kurvenpunkte, welche durch einen lotrechten und einen wagrechten Schnitt erlangt werden. Der Querschnittkreis des Zylinders kann außerhalb des Kegels liegen, wie der Grundriß andeutet. — Durchbohrung oder Durchdringung annehmen.

Tafel 20.   Fig. 61. Traverse von einem Seilspannwagen, ähnlich auch an Flaschenzügen, zeigt das Gegenstück von 60, nämlich kleinen Kegel. Oben rechts die dimetrische Lösung. Mit 2 Paar Kurvenpunkten muß der Zeichner die Kurve genügend richtig stellen können. Das Bestimmen weiterer Punkte wird, besonders bei Unzugänglichkeit der Kegelspitze und bei solch stark verkürzter Darstellung, zu ungenauem Ergebnisse führen. (Taf. 20.)

Verschnitt von Kugel- und Zylinderfläche. — Geht die Zylinderachse durch den Kugelmittelpunkt, dann ist die Verschnittkurve bekanntlich ein Kreis; bei anderer Lage sind die vorteilhaftesten Schnitte zur Gewinnung von Kurvenpunkten solche, die den Zylinder nach Erzeugenden schneiden.

19. Übung. — In der Perspektive Fig. K, Taf. 20 sind zwei Paar Kurvenpunkte bestimmt durch die zwei Hauptschnitte, die sich (perspektivisch) rechtwinklig in der Zylinderachse schneiden; einer der Schnitte ist Meridian. Zwei weitere Punkte ergaben sich durch den 3. Achsialschnitt 1—4.

Wagrechte Lage des Zylinders annehmen oder Fig. K isometrisch.

Fig. 62 a. Schraubenanguß an einem Lagerdeckel als Anwendung des Falles. Man kommt mit den 2 Hauptschnitten durch den Zylinder aus. Sie reichen auch für den Fall

Fig. 62 b, wo der Anguß kegelig gehalten ist.

20. Übungen gemischten Inhaltes, als Wiederholungen oder Auffrischungen, Zeitaufgaben für alle oder Zugaben für Schnelle.

Fig. 63, Taf. 20 gehört schon hierher. Klauenkuppelung. Das Dritteln der Vierteilung des Kreises ist nach Schätzung zu machen, ebenso das Einzeichnen der Schraubenlinien.

Fig. 64. Gußeiserner Schuh, wie er bei Zimmerwerk zur An- Tafel 21.
wendung kommt, unten zwei Rippen; dimetrisch oder in Kavalier-P.

Fig. 65. Stahl- oder Sticheleinspannung für großen Widerstand und hohen und weiten Einspannraum. Der obere Bügel nimmt den Druck in der Längsrichtung des Stichels auf; von der Seite resp. von vorn sind bis 4 Bügel in Anwendung.

Fig. 66. Der Lagerbock für die Radachse eines eisernen Transportwagens und.

Fig. 67, das Ringventil, gehören zu den Übungen Gruppe 11;

Fig. 68, der Hebel ebenfalls, wenn man dem Arme rechteckigen Querschnitt gibt; sonst aber gehört er nach Gruppe 17.

Fig. 69. Körper eines Absperrventiles mit kegeliger Sitzfläche. — Tafel 22.
Die Nische auf der kugeligen Platte ist zur Hälfte aufzuschneiden, der Vorsteckstift ist wegzulassen, die hereinragende Spindel bleibt ganz. — Gruppe 15.

Fig. 70. Schloß für schmiedeeiserne Schachtgestänge. — Zweiteilige Muffe mit kegeligen inneren Stirnflächen, denen genau gleiche an den Köpfen der beiden Rundstangen entsprechen. Nach Anziehen des Keiles ist ein selbsttätiges Lösen der Kuppelung nicht mehr möglich. Im Schnitte links ist der Keil weggelassen, jedoch seine Stärke eingestrichelt. — In der Perspektive ist ein Viertel der Oberschale wegzuschneiden, event. auch der Keil wegzulassen, oder auch es wird nur drei Viertel einer Muffenschale dargestellt. — Gruppe 17.

Fig. 71. Walzenlager von einer (Reifen-)Biegmaschine; so gestaltet, daß es entfernt werden kann, damit die Walze frei schwebt und das zusammengebogene Werkstück abgezogen wird. — Die Lagerbüchse mit dem Walzenzapfen ruht in einer Schnalle s, die mittelst runden Bolzens an eine Spindel (eine Art Augenschraube wie Fig. 51, Taf. 18) angeschlossen ist. Die Lagerbüchse geht um den Bolzen zu schwingen; wird dieser entfernt, so ist das Lager bequem fortzunehmen (FISCHER, Die Werkzeugmaschinen, Fig. 1231). — Das Ganze teilweise aufgeschnitten zeichnen oder die Schnalle allein.

Fig. 72. Gabelende einer Stange. — Gruppe 18.

Fig. 73. Aufhängevorrichtung an einem Doppel-T-Träger, die bei A dem aufgehängten Rohre eine Bewegung in seiner Längsrichtung gestattet. — Nur für sehr sichere Schüler; Untersicht zeichnen; 1 Blatt Hochformat.

21. Gelegentliche Aufgaben aus der Fachliteratur und aus Zeitschriften. Sie heben das Interesse ganz bedeutend. — In Textfig. 18

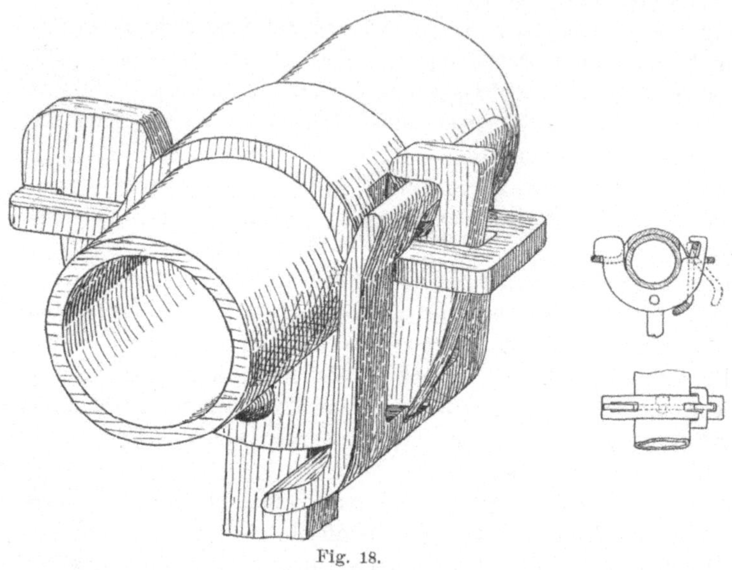

Fig. 18.

ist eine solche mitgeteilt in $^1/_3$ Größe der Originalzeichnung; die Perspektive ist also nach den beiden seitlich stehenden Rissen gelöst worden. — Der Schüler erhält Bild und Text, damit er sich selbst gehörig über Zweck usw. des Objektes orientiert.

II. Das Skizzieren nach Modell.

In dem einleitenden Kapitel wurde auf S. 2 festgestellt, daß wir darunter zunächst verstehen das Anfertigen von „Aufnahmeskizzen". Es ist dabei gut, wenn jeder Schüler sein eignes Modell haben kann.

A. Das Aufnehmen.

Man versteht darunter ein genaues Aufmessen des Gegenstandes nach Höhe, Breite und Tiefe. — Es wird nie vorm Objekte sofort die Reinzeichnung gemacht, weil im wirklichen Falle die Umstände das in der Regel nicht gestatten. Immer wird zuerst eine Aufnahmeskizze hergestellt, und zwar im Sinne der Normalprojektion, ohne bestimmten Maßstab, freihändig nach Schätzung. Sie bezweckt meist ein nachträgliches Herrichten einer genauen Werkzeichnung. Darum muß diese Skizze alle notwendigen Angaben enthalten. — Was in der Praxis an Hilfsmitteln an Ort und Stelle bei der Aufnahme zur Verfügung steht, kann auch im Unterrichte benutzt werden. Außer den Zeichenutensilien (Reißbrett und -schiene sind ausgeschlossen): Innen- und Außentaster, Schublehre, Anschlagwinkel, Anreißplatte, ein Parallelreißer zum Messen solcher Höhen von der Anreißplatte aus, die wegen vorspringender Teile ohne weiteres nicht zu messen sind, Lineal, Maßstab; bei Aufnahme größerer Anlagen noch langes Meterband, Meßlatte, Lot. — Verwickeltere Aufnahmen werden zerlegt in Übersichtsskizzen mit den Hauptmaßen und in Detailskizzen, soviel deren nötig sind; diese werden fortlaufend numeriert und die gleiche Nummer an der entsprechenden Stelle der Hauptskizze beigefügt, damit keine Irrtümer entstehen.

Zur Aufnahme ist erforderlich: Richtiges Auffassen der gegebenen Formen, und zwar in bezug auf den Zweck des Ganzen, auf Wirkungsweise, gegenseitige Beziehungen und Material der Teile; ferner Verständnis der praktischen Herrichtung, des Zweckes der Aufnahme und genaue Unterscheidung des Nebensächlichen vom Wesentlichen. (Daher wird das Aufnehmen in der Schule auch am besten nur von Ingenieuren gelehrt und beaufsichtigt, sobald sichs um wirkliche Maschinenteile handelt. D. V.) — Aufnehmen heißt nicht abzeichnen, bloß den sinnlichen Eindruck der Form wiedergeben, sondern die Formen für bestimmte Zwecke darstellen. — Es wird stets mit den Achsen resp. Mittellinien zu skizzieren begonnen. Maße abnehmen und eintragen geschieht erst, wenn alles vollständig und richtig skizziert ist; die Maße müssen übersichtlich eingeordnet sein. Zweckmäßig ist es, in die fertige Skizze die Maßlinien einzutragen, bevor die Maße am Maschinenteile selbst genommen sind (wie das am Konus eines Hahnes [Taf. 23] zu sehen ist); das erleichtert die Arbeit und die Übersicht. Man muß die Maße selbst nehmen und selber notieren. Wichtige Maße sind doppelt zu nehmen, d. h. an zwei verschiedenen Stellen. Eine gemessene Gesamtlänge muß der Summe der Teillängen gleich sein. — Bei größerer Entfernung vom Wohnorte ist die maßstäblich richtige Konstruktionszeichnung nach der Aufnahmeskizze an Ort und Stelle aufzureißen. Nach der Skizze ist die Werkzeichnung unabhängig vom aufgenommenen Maschinenteile anzufertigen. Die Skizze muß daher die genaue und unzweifelhafte Wiedergabe der Formen in genügenden Projektionen und Schnitten und alle Maße enthalten. Teile, über deren Form kein Zweifel besteht, können flüchtig skizziert werden; aber alle Übergangsformen sind charakteristisch, d. h. der wirklichen Ausführung entsprechend darzustellen. (Nach A. Riedler: Das Maschinenzeichnen.)

Tafel 23.

Außer dem schon genannten Konus sei nur ein Beispiel einer Aufnahmeskizze mitgeteilt, im übrigen aber auf die einschlägige Literatur verwiesen.[1]

Ein Schubstangenkopf, auch Pleuel-, Treib-, Kurbel-, Lenk- oder Flügelstangenkopf genannt. — 1. Betrachtung und Erläuterung desselben. Er ist ein bewegliches Zapfenlager und ein sog. offener Kopf (Fig. 46, 47 und 49, Taf. 17, sind geschlossen); er kommt bei Pumpen, Kreuzköpfen, aber weniger mehr beim Kurbelzapfen in Anwendung. Der schmiedeeiserne Stangenschaft ist am Ende vierkantig „angesetzt". Die Lagerung für die Schalen aus Rotguß wird durch den schmiedeeisernen Bügel erreicht, der über den Stangenansatz geschoben wird. Die innere Schale ist am Rücken gerade und legt sich mit diesem fest an den Ansatz des Schaftes; die äußere liegt in der

---

[1] Für Fortbildungsschullehrer, die keine technische Vorbildung haben, ist ein Werk bestimmt: „Das Fachzeichnen ..... für Metallarbeiter". Von Direktor Göpfert-Chemnitz (unter Mitwirkung von Professor Gebauer), bei Hahn in Leipzig 1904 erschienen; 16 Taf. und 17 Fig; geb. 2,65 Mk. — Hierin ist das Aufnehmen im allgemeinen und dann speziell von den verschiedensten Maschinenteilen eingehend behandelt. — Weitere Hefte in Aussicht.

Rundung des Bügels und wird mit diesem beim Anziehen des Keiles nach dem Schafte zu bewegt. Man nennt dies das Nachstellen des Lagers, das bei Abnutzung der Schalen nötig wird. Um nachzustellen, sind die Stoßflächen der Schalen nachzuarbeiten, oder es ist von vornherein ein kleiner Spielraum zwischen den Schalen gelassen, der mit Paßstücken ausgefüllt ist, wie in unserer Skizze; diese werden dann nach Bedarf nachgearbeitet. — Der Keil sitzt zwischen zwei Unterlegekeilen oder Zulagen, welche Nasen haben, die das selbsttätige Herausgleiten derselben hindern. Durch eine Stellschraube wird der Keil in seiner Lage „gesichert", weil es schlimme Folgen haben kann, wenn der Keil sich allmählich selbst lockert. Damit die Keiloberfläche durch die Schraube nicht rauh wird, drückt diese gegen die Grundfläche einer Nute. Der Keil hat meist den „Anzug" $1:10$, d. h. auf die Länge der Zulage ist er am einen Ende um $^1/_{10}$ schmäler als am anderen. Die drei Keile sind von Stahl. Die Schmierung des Lagers erfolgt durch die Ausbohrung des Zapfens, den dieser Kopf umschließt; darum ist kein Ölloch usw. am Kopfe zu sehen.

2. Nachdem festgestellt ist, in welchen Ansichten und Schnitten das Objekt am vorteilhaftesten dargestellt wird, erfolgt das Skizzieren desselben. Hierbei ist stets mit den Mittellinien oder Achsen zu beginnen.

Am besten nimmt der Anfänger den Kopf jetzt auseinander, skizziert alle Teile einzeln (so ist auch mit den Mittellinien jedes Stückes zu beginnen), setzt die Maßlinien hin, nimmt die Maße ab und schreibt sie ein; über die Stellung der Zahlen vergleiche man Textfig. 7 *b*. Nunmehr kann eine Gesamtskizze folgen (Zusammenstellung) in Grund- und Aufriß, etwa auch mit vertikalem und horizontalem Achsenschnitte, wie Taf. 23 zeigt. Dabei mag, nachdem die Mittellinien stehen, mit dem Stangenansatz begonnen werden, dann folgt der Bügel mit den Schalen, endlich die Keile; so wird der Kopf auch zusammengesteckt. — Die verschiedenen Materialien werden in der Skizze verschieden schraffiert; nur geschnitten gedachte Teile werden schraffiert.

Nachdem der Gegenstand entfernt worden ist, wird nach den Skizzen die Werkzeichnung hergerichtet und auch die plastisch-anschauliche Darstellung als Beigabe derselben angefertigt, im ganzen oder auch nur in Teilen. Hier an diesem Modell ist es vorteilhaft, das Ganze zu zeichnen, aber der Länge nach ein Viertel wegzunehmen; nur die Keile und die Schraube bleiben ganz.

Andernfalls kann vor dem Modell, also unmittelbar nach Anschauung die perspekt. Skizze gemacht werden: voll oder aufgeschnitten.

B. Das perspektivische Skizzieren nach Anschauung.

Schon aus der täglichen Erfahrung weiß jeder, daß ein Ding in der Ferne kleiner erscheint als in der Nähe. Mithin laufen geometrisch-parallele Geraden, die von uns wegwärts gehen, scheinbar in der Ferne zusammen; sie heißen dann im Bilde „perspektivische Parallelen". An einem langen geraden Schienengeleise, Korridore, Zeichentische kann das leicht beobachtet werden. Dabei ist es gleich, ob die Parallelen wagrecht liegen wie ein Schienenstrang, oder ob sie im Raume von uns weg steigen oder fallen, wie etwa Dachsparren; auch ist es gleich, ob sie dabei genau in unsrer Blickrichtung oder nach halbrechts resp. halblinks verlaufen.

Geometrisch parallel aber werden gezeichnet alle Lotrechten; ferner alle, die unsrer Augenverbindungslinie parallel liegen oder „frontal" laufen, weil wir diese immer als Wagrechten, jene als Lotrechten empfinden. Überhaupt gerade Linien, welche in Ebenen (zu unsrer Blickrichtung) liegen, die sowohl lotrechte als frontale Lage haben, müssen darum auch geometrisch parallel dargestellt werden.

Ein perspektivisches Bild nach Anschauung könnte man sich nun herrichten, indem man eine „Glastafel" als „Bildfläche" lotrecht zwischen sich und dem Objekte so aufstellt, daß bei aufrechter Haltung des Oberkörpers der mittlere Blick senkrecht auf die Tafel trifft. Dann zeichnet man den Linien des Objektes auf der Tafel entlang — so entstünde dort sein perspektivisches Bild. Aber man darf hierbei nur mit einem Auge sehen. Blickt man mit beiden nach dem Gegenstande, so hat man von dem Stifte, der das Bild fixieren soll, zwei Eindrücke auf der Netzhaut; faßt man aber den über die Tafel fahrenden Stift mit beiden Augen, so sieht man das Objekt doppelt. Dieser Umstand spielt später beim „Visieren" eine Rolle.

Nun ist aber das Zeichenblatt undurchsichtig, daher ist der Zeichenvorgang etwas anders als der eben gedachte. Da jetzt die Zeichenfläche stets so zu halten ist, daß der Blick möglichst senkrecht darauf fällt und auch daneben und darüber weg zum Objekte gelangen kann, so wandert der Blick stets hin und her zwischen Objekt und Bildfläche, und was das Auge erfaßt, das muß so lange im Gedächtnis festgehalten werden, bis es zu Papiere gebracht ist.

Bei einem fertigen Zeichner, also bei einem im Sehen Geübten, ist nun die bildliche Darstellung das Ergebnis zweiäugigen Sehens oder: sie ist ein Ausgleich zwischen einem Paare stereoskopischer, sich ergänzender Eindrücke, da ein jedes Auge ein besonderes Bild empfängt. Beim Anfänger läuft viel einäugig Gesehenes mit unter, als Folge des

Visierens, welches eine Unterstützung seines noch ungeübten Blickes ist. Dem fertigen Bilde sieht man das nicht an und es ist darum auch nicht schlechter als jenes oder falsch.

Visieren ist nichts als eine Art Messen, welches dem Anfänger das ihm so schwere richtige Übertragen räumlicher Eindrücke auf eine Fläche erleichtern soll. Warum ist das so schwer? Weil wir unser Auge durch Vorwegwissen, also durch Voreingenommenheit unbewußt bevormunden! An ein paar Beispielen mag das erläutert werden.

Wenn ein Neuling ohne Visieren eine schachbrettartige Einteilung der Wandtafel, von der Seite aus gesehen, zeichnen soll, „so wie er sie sieht", dann wird er sicher möglichst ein Quadratnetz wiedergeben. Weil er weiß, daß es eines ist, glaubt er es so zu sehen. — Wenn derselbe einen Würfel in Übereckstellung hat, so wird er die Abstände zwischen den lotrechten sichtbaren Kanten im Verhältnis zu deren Höhe ganz gut treffen, nicht aber die perspektivischen Bilder der rechten Winkel. Diese geraten ausnahmslos so, daß die Deckfläche sich möglichst dem Quadrat nähert, weil er ja vorweg weiß, daß sie eines ist. (Man vergleiche das zu Textfig. 8 Gesagte.) — Beim geraden aufrechten Zylinder gerät der Deckelkreis selten auf den ersten Hieb genügend verkürzt, aus dem gleichen Grunde. — Alle wagrecht im Raume liegenden Flächen werden gewöhnlich so gezeichnet, als wenn sie nach hinten bergan stiegen, weil sie möglichst ihrer vom Zeichner gewußten geometrischen Form genähert werden und um die wirkliche Tiefe ins Bild hineinzubringen. Wir besitzen nämlich eine große unbewußte, rein mechanische Fertigkeit, an kleineren Objekten die wirkliche Tiefe im Verhältnis zur Höhe richtig zu schätzen. Diese Tiefe wird dann unwillkürlich mit ins Bild hineingebracht. An jenem Würfel werden deshalb die Tiefenkanten, damit der Anfänger ihnen die gewußte wirkliche Länge geben kann (was aber ohne Absicht geschieht), zwischen die richtig hingezeichneten lotrechten Kanten, soviel als möglich steil gestellt. — Das Resultat ist die stets viel zu starke Draufsicht, die außerdem der zuerst angedeuteten Voreingenommenheit entgegen kommt.

Dieser kann der Anfänger nur durch Visieren begegnen. Es besteht eigentlich darin, statt jener Glastafel zwischen Zeichner und Objekt ein Gitter von Lotrechten und Wagrechten anzunehmen, in welches das Bild eingetragen wird. Man hat zu diesem Zwecke tatsächlich schon entsprechende Apparate erfunden. Aber das Festlegen von diesen Loten und Horizontalen mittelst Visierstift, dazu die lotrechte und wagrechte Blockkante, genügt meistens. Unter dem Gitter sind natürlich nur die hauptsächlichsten „maßgebenden" Geraden zu verstehen (Textfig. 19).

Regel beim Visieren ist: Das Objekt ist stets vom selben Punkte aus zu beobachten; also wird bei solchem Zeichnen ruhige aufrechte Körperhaltung anzunehmen und der Blick mitten aufs Objekt zu richten sein. — Ferner ist der Visierstift (Bleistift) stets rechtwinklig zum mittleren Blicke zu halten, „als läge und bewegte er sich auf jener gedachten Glastafel". Meistens ist der Stift lotrecht und wagrecht zu benutzen. — Während des Vergleichens von wagrechten Abmessungen (im Bilde) mit lotrechten dürfen die Abstände Auge—Stift, Stift—Objekt nicht geändert werden, sonst ergeben sich unbrauchbare Verhältnisse; daher visiert man mit steif vorgestrecktem Arm und dreht

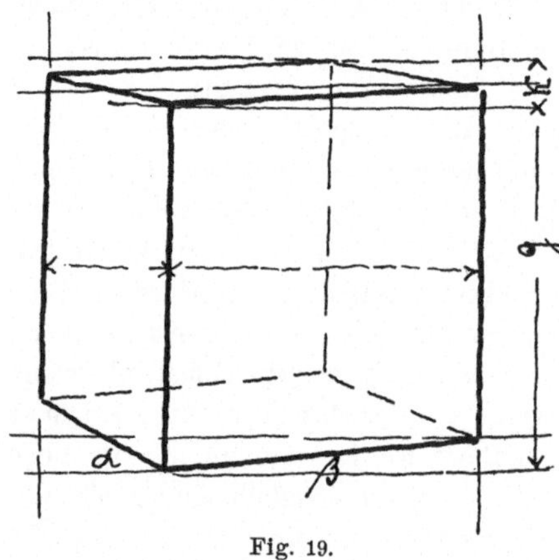

Fig. 19.

dabei die Hand, so daß der Stift aus der wagrechten in die lotrechte Lage übergeht. Der Stift muß so gefaßt werden, daß die Daumenspitze hin und her gleiten kann, zum Festhalten des Maßes. — Man darf nur mit einem Auge visieren.

Durch dieses Visieren bestimmt man 1. Größenverhältnisse, nämlich scheinbare Maße, nicht die wirklichen Ausdehnungen des Objektes. Es kann sich dabei aber nur um die hauptsächlichsten Verhältnisse handeln; genaue Maße durch solche Hilfsmittel zu erhalten, ist unmöglich, darum ist es auch unnützes Beginnen, sehr kleine Abstände mit sehr großen visierend zu vergleichen. Das Auge muß stets letzter Richter sein. — Ich würde also an unserem Würfel (Fig. 19), wie an jedem Objekte, zuerst das Verhältnis der beiden Hauptmaße des Bildes, Gesamthöhe und -breite, aufsuchen und diesen „Rahmen" leicht aufzeichnen. Dann wären die scheinbaren Abstände der lotrechten Kanten voneinander festzustellen (wieviel mal geht die kleine Entfernung in der großen auf?) und in den Rahmen einzutragen; hierauf ist das Verhältnis $k : g$ zu ermitteln.

Durch Visieren bestimmt man 2. die scheinbare Lage oder Neigung von Linien, also hier die ∢ α und β. Dazu hält man den Stift oder die obere Blockkante wagrecht oder „frontal", d. i. parallel

der Augenverbindungslinie, und sieht sich den einen scheinbaren Winkel
an, trägt ihn ein und verfährt mit dem anderen ebenso. Aber gewöhnlich werden diese Winkel zu groß gezeichnet; das merkt der Anfänger durch folgende Probe:

Er nehme eine Schmiege und öffne sie wie eine römische V;
jedoch muß der eine Schenkel genau frontal gehalten werden und
beide müssen in der Glastafelebene liegen. Den anderen Schenkel
stellt er genau auf die scheinbare Schräge ein. Nun legt er die
Schmiege aufs Papier, den frontalen Schenkel wagrecht......

Auf diese Weise ergeben sich die äußeren unteren Eckpunkte;
sicherheitshalber kann man noch durch wagrechtes Visieren prüfen, ob
die rechte Ecke die gehörige Höhenlage zwischen der vorderen und
der linken hat. Die oberen äußeren Ecken können nunmehr schätzungsweise angenommen werden, wobei auf ihre gegenseitige Höhenlage zu
achten ist.

Die letzte Prüfung bleibt stets die mit dem Auge: Entspricht
das Gesamtbild dem Gesamteindruck des Objektes? Also hier muß das
Bild deutlich erkennen lassen, daß ein Würfel vorliegt.

Bei großer Tiefe eines Gegenstandes, etwa eines langen Tisches,
wird man sich nicht allein auf die eben beschriebene Winkelmessung
stützen, sondern auch die Länge der hintersten, am kürzesten er-
scheinenden Kanten mit der der ihnen parallelen vordersten vergleichen. — Bei solchen tiefen Objekten tritt auch sehr deutlich jene
perspektivische Erscheinung auf, nach welcher am Objekte wagrechte
Parallelen in Augen- oder Horizonthöhe in einem (Flucht-)Punkte zu
„verschwinden" haben.

Mit diesen mündlichen allgemeinen Erklärungen über das Visieren,
selbst an der Hand einer guten Wandtafelskizze, ist es aber beim
Neuling noch nicht getan. Fast bei jedem einzelnen, der solch
Zeichnen nach dem Modelle zum ersten Male betreibt, wird es nötig,
das Visieren unmittelbar vorzumachen. Und gerade darin beruht das
Zeitraubende des ersten Unterrichtes im freien Zeichnen nach Modellen. —

Auf genaue Wiedergabe der Beleuchtung und der Schlagschatten
kann der Maschinenbauer verzichten; es genügt eine Behandlung wie
die der umstehenden Schülerzeichnungen Fig. 20 und 21.

Im perspektivischen Zeichnen nach Maschinenteilen spielt der
Kreis eine ganz bedeutende Rolle. Es gibt fast kein Objekt, an
dem nicht diese geometrische Grundform entweder vollständig oder
teilweise oder in Zusammensetzungen vorkommt; sie ist zugleich wichtige
Vergleichsfigur für andere Kurven. Darum muß die perspektivische

Darstellung des Kreises dem Zeichner so geläufig sein, wie dem Soldaten das Links- und Rechtsum. Sehr nützlich ist es aber, sich folgende

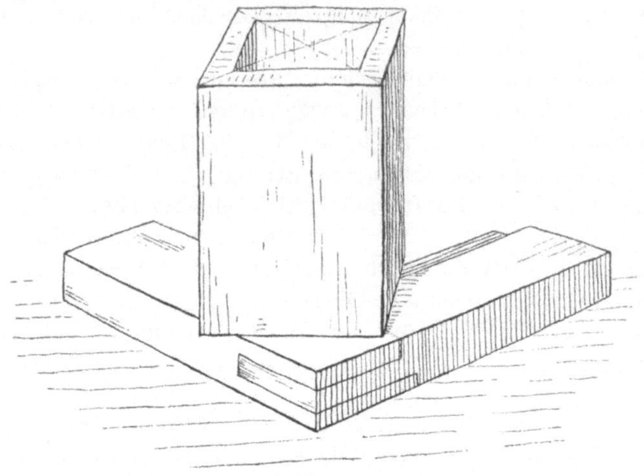

Fig. 20.

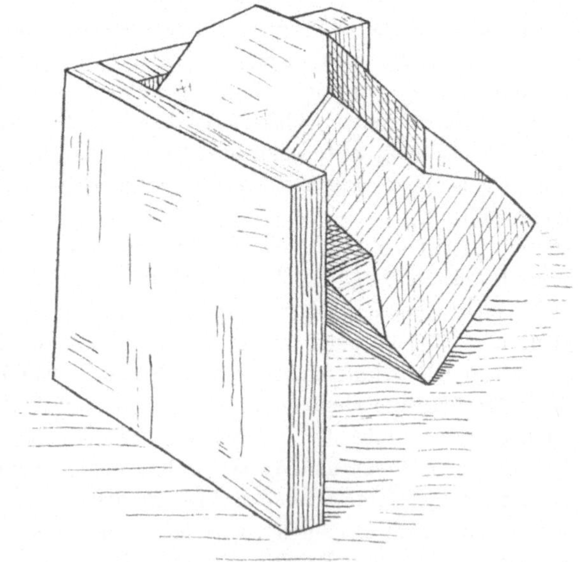

Fig. 21.

Hauptregel zu merken: Am geraden Kreiszylinder — er kann xbeliebige Lage haben — ist die Kreisfläche stets als

Ellipse zu zeichnen, deren Großachse rechtwinklig zur Zylinderachse liegt (resp. zu den Grenzerzeugenden). Anderenfalls hat man den Eindruck eines schiefen Zylinders.

Beweis durch Anschauung: Man nehme einen Zylinder von ca. 30 cm D und bewege ihn vor den Augen der Schüler; am besten wird derjenige obiges Resultat finden, der den einen Kreis recht stark verkürzt sieht.

Beweis durch Normalprojektion: Jeder gerade Kreiszylinder, der geneigte Lage zu den Projektionstafeln hat, projiziert sich so, daß über die Bilder der Kreisfläche das vorhin Behauptete eintritt. Jede Normalprojektion darf aber angesehen werden als eine Perspektive mit unendlicher Distanz.

Weitere Beweise geben Gemälde von LIONARDO DA VINCI, RAFFAEL, P. VERONESE, MURILLO, REMBRANDT u. a. Von diesen Großen aber sagte HELMHOLTZ, daß in ihren Darstellungen der Dinge Tatsachen vorliegen, „welche der Physiolog, der hier vom Künstler zu lernen hat, nicht vernachlässigen darf". Also darf man sich im Zeichenunterrichte wohl auch danach richten.

Zufolge der Hauptregel ist jeder wagrechte im Raume liegende Kreis zu zeichnen als Ellipse mit wagrechter Großachse. Und es wäre darum falsch, zu lehren, ein solcher Kreis könne auch als Ellipse mit etwas schräger Großachse dargestellt werden. Dieses Ergebnis ist irrtümlich aus der konstruierenden Perspektive herüber genommen worden, gelegentlich der unnatürlichen Forderung: der Schüler soll „seitlich" vom Objekte sitzen, d. h. er soll an diesem vorbei sehen und dasselbe doch zeichnen.

Ferner ist es falsch, zu behaupten, daß jeder Kreis in lotrechter Lage auch als Ellipse mit lotrechter Großachse zu zeichnen sei. Das trifft nur zu für den besonderen Fall, daß der Kreismittelpunkt oder die Zylinderachse in Augenhöhe liegt, sich also in den Netzhauthorizont projiziert (diese Achse erscheint dann als geometrische Wagrechte im Bilde).

Bei horizontaler Lage des Zylinders über oder unter Augenhöhe und bei schräger Lage des Zylinders im Raume ist in der Zeichnung natürlich mit den Grenzerzeugenden und der Achse zu beginnen, da sich deren Lage so leicht wie gerade Kanten durch Visieren bestimmen läßt; dann folgt die Angabe der Großachse der Ellipse. — Das Verhältnis der Großachse zur Kleinachse wird stets durch Visieren gefunden.

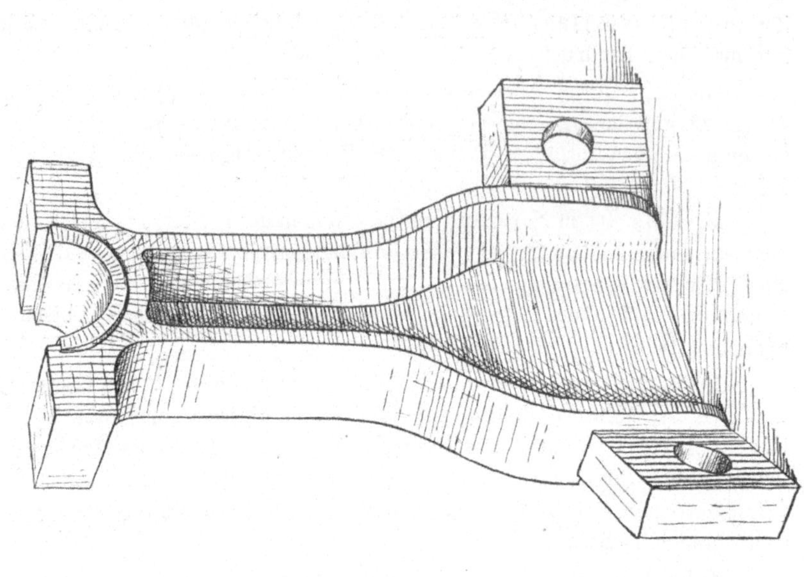

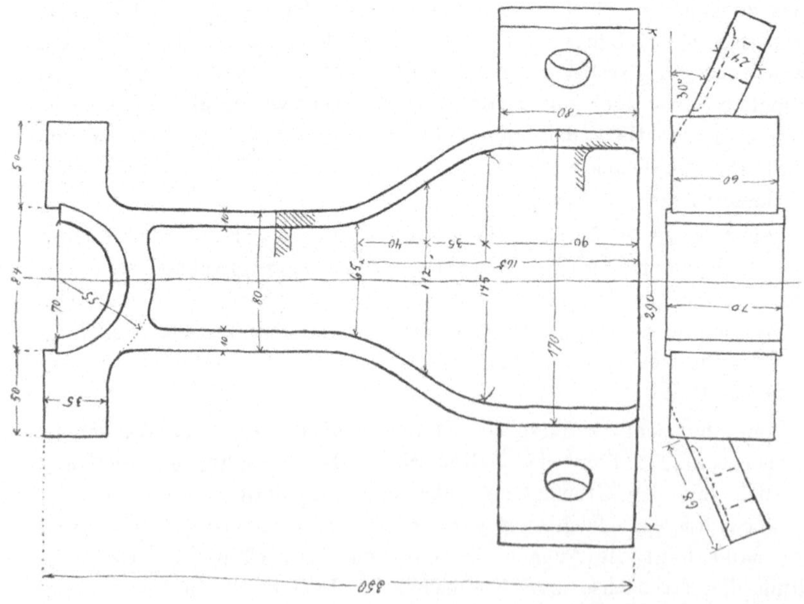

Fig. 22.

Das. soeben für den geraden Kreiszylinder Dargelegte gilt für alle Umdrehungskörper; es bestätigt auch die drei Sätze über den isometrischen und dimetrischen Kreis.

Will man den Schülern zeigen, daß der Achsenschnitt der gezeichneten Ellipse nicht zusammenfällt mit dem perspektivischen Mittelpunkte des verkürzten Kreises, so lasse man dies an einem großen Vollkreise (Pappscheibe) mit deutlichem Zentrum anschauen. Durch Visieren erfährt der Schüler dann, daß die Kleinachse der Ellipse durch den perspektivischen Mittelpunkt ungleich geteilt wird. — Nun hat

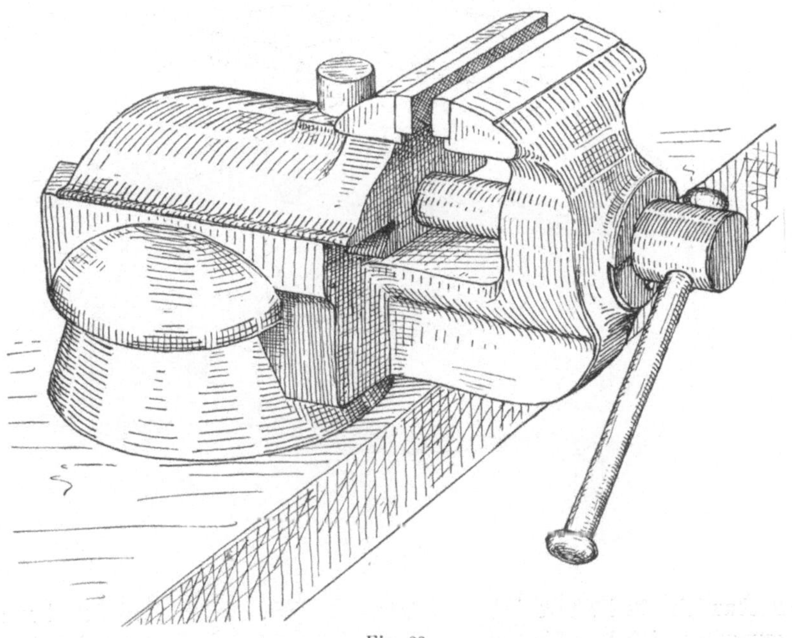

Fig. 23.

man aber selten solch vollen Kreis an Gebrauchsobjekten; das Auge kann daher keinen festen Mittelpunkt finden, auch wenn er unbedingt in der Zeichnung nötig ist. Da nimmt man statt dessen den leicht zu bestimmenden Achsenschnitt der Ellipse; der dabei begangene Fehler ist so gering, daß er in der fertigen Arbeit nicht stört. —

Wie ein fertiges Blatt aussehen kann, mag Textfig. 22 zeigen; Textfig. 23 mag als selbständiges Schattierbeispiel dastehen. Sind auch die Beleuchtungswerte nicht gut getroffen, so ist doch durch die Lage der Schattierstriche die Oberflächenmodellierung völlig klar gemacht.

4*

C. Schnitte durch geschlossene Objekte.

Schon im Abschnitte I sind bereits von Taf. 9 ab perspektivische Schnitte benutzt worden, weil sie lehrreicher sind als die bloßen Ansichten des Äußeren; bei den verschiedenen Ventilen, bei Ringschmierlagern u. a. wird das besonders auffällig. Dort waren nur einfache Objekte benutzt, jetzt soll das wichtige Innere von Objekten, die eine wenig sagende Außenseite haben, durch perspektivische Schnitte aus dem Kopfe, aber doch an der Hand des Modelles, plastisch-

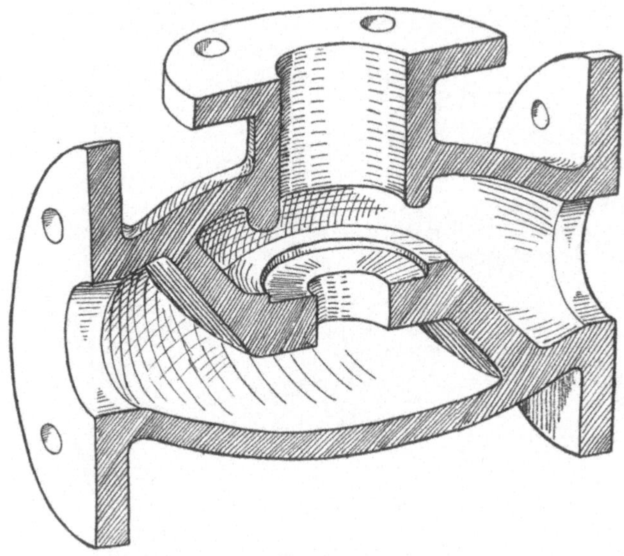

Fig. 24.

anschaulich (in Parallel-P.) bloßgelegt werden. Nach Befinden kann man schließlich nur die Hälfte oder ein Viertel zur Darstellung bringen. Die schneidenden Ebenen werden natürlich am besten rechtwinklig zueinander gelegt angenommen.

Textfig. 24 ist die Hälfte eines solchen Vollmodelles, das erst so seine innere Einrichtung bekannt gibt.

C. VOLK empfiehlt bei Darstellung verwickelter Maschinenteile überhaupt kein Gesamtbild zu machen, sondern solche Teile in einzelne „Schnittfiguren" zu zerlegen.

III. Lehr- und Stoffverteilungsplan.

Vorbemerkungen.

Der Verfasser hat während der ersten fünf Jahre, seitdem das Skizzieren von Maschinenteilen an der Leipziger Maschinenbauschule in besonderen Stunden getrieben wird, „mit und ohne Modell" vorangestellt. Also, daß auf das parallel-perspektivische Zeichnen ebenflächiger Körper aus dem Kopfe, das perspektivische Zeichnen nach Anschauung ebensolcher Objekte folgte; dann krummflächige mit, ohne und nach Modell. So wenigstens hatte sich der Gang allmählich ausgebildet, wobei aber gewisse lokale Verhältnisse von Einfluß waren. — Das scheint eine verkehrte Reihenfolge zu sein, ohne — nach Modell. Jedoch wurde durch das vorangestellte Zeichnen „mit Modell" (S. 2) von der Anschauung ausgegangen und für das darauf folgende Zeichnen ohne Modell brachten die Schüler aus einer mindestens dreijährigen Praxis mancherlei Sachkenntnisse und eine genügende Fertigkeit im Formvorstellen mit.

Die Vorausnahme der Parallel-P. bringt m. E. den Vorteil, daß die nachfolgende Anschauungs-P. leichter fällt; überdies entspricht diese Folge auch der genetischen Entwickelung der Perspektive.

Seit jene lokalen Umstände beseitigt sind, wird im ersten Semester nur nach Modell gearbeitet; das zweite setzt mit und ohne Modell ein. — Das hat zuweilen den allerdings vorübergehenden Übelstand zur Folge, daß manche Schüler im zweiten Semester nicht recht an den einfachen Anfangsstoff heran wollen, da sie früher ja „schon Schwereres gemacht" hätten. Bald kommt aber die Einsicht, wie hierbei doch die Anforderung wesentlich anderer Art ist als vor dem sichtbaren Gegenstande.

Die Beschäftigung im ersten Semester mit den wirklichen Maschinenteilen hat das Gute, die Sach- und Fachkenntnisse der Schüler vorerst noch zu ergänzen und zu erweitern; und das ist für Maschinenbauer wichtiger als das vorhin wegen der Perspektive geltend Gemachte. Es kommt das auch dem Zeichnen ohne Modell mit zugute, insofern Sachkenntnisse die beste Basis für Erinnerungs- und Vorstellungsbilder sind.

— Außerdem wird im 1. Semester das Projektionszeichnen in anderen Stunden erledigt; das Lesenkönnen von „Rissen" aber ist Vorbedingung für das Verständnis der, in Form von Rissen oder Aufnahmeskizzen gestellten, Aufgaben (für das perspekt. Skizzieren ohne Modelle) des 2. Semesters.

Also ist der Anfang: nach Modell! vorzuziehen. Aufnehmen und perspektivisches Zeichnen wird zusammen geübt; beides ergänzt sich und wird möglichst auf einem Blatte erledigt (Textfig. 22). Unterrichts-technisch hat solcher Beginn allerdings seine großen Schwierigkeiten: da möglichst jeder Schüler ein Modell vor sich haben soll und die berechtigte Forderung, tunlichst wirkliche Gegenstände zu benutzen, beachtet sein will, so ist vom Anfang an schon Gruppen- und Einzelunterricht vorhanden. Das alles fordert in starken Klassen ungemein viel einleitende Modelle. Man beschafft sie sich billig, indem den Schülern gezeigt wird, wie aus starkem Papiere (alte Zeichenbogen!) die ersten rechtwinkligen Objekte hergerichtet werden. Die verschiedene Qualität der Schüler bringt es mit sich, daß schon nach ein paar Wochen mit den Modellen der Sammlung hausgehalten werden kann.

Es läßt sich aber anfangs auch mit Massen-Unterricht einsetzen, „mit" Riesenmodellen; nur wird der Lehrer an der Wandtafel das Aufnehmen für alle erledigen, was zunächst auch genügt. Allmählich erfolgt der Übergang zum Einzelunterrichte. — Es kann geraten sein, die S. 5 kurz angewiesene Vorübung voranzuschicken.

Mit ebenflächigen Objekten, zunächst rechtwinkligen, zu beginnen, versteht sich wohl von selbst; man lasse sofort Eckstellung zeichnen, also wie der Würfel Textfig. 19. — Die krummflächigen Objekte beginne man sofort mit dem Voll- oder Hohlzylinder (man beachte S. 48—51). Den Kreis an sich vorauszuschicken im perspektivischen Zeichnen, hat nur Erfolg bei wagrechter Lage desselben; lotrechte Lage über oder unter Augenhöhe oder gar schräge Stellung im Raume ist viel leichter sofort mit Zylinder richtig wiederzugeben (S. 49), als wenn nur die Fläche an sich zu sehen ist. — Wenn es möglich ist, suche man die Modelle so zu verwenden, daß für das perspektivische Zeichnen die ebengenannte Reihenfolge der Kreislagen eingehalten werden kann; jedoch vermeide man „gesuchte" Stellungen.

In bezug auf die Oberflächengestaltung sind die mit zylindrischer und kegeliger, also einseitiger Krümmung, desgleichen solche mit scharfen Kanten und Ecken vorweg zu nehmen, weil sie für das beobachtende Auge die sichersten Leitlinien bieten (Dortmunder Modelle).

Das Aufnehmen ist gründlich zu üben, da es die wenigsten Schüler schon können; es ist besonders wichtig für die Praxis. — Die Skizze des einzelnen Schülers muß so sein, daß jeder andere eine Reinzeichnung danach fertigen könnte.

Das Zeichnen nach Modellen wird sich dem praktischen Falle möglichst nähern, wenn im Schulhause wirkliche Aufnahmen gemacht werden dürfen. Jeder Schüler kann nach und nach eine solche Arbeit verrichten. Lehr- und Arbeitssaal, Heizanlage, Maschinenhaus bieten Stoff genug, um jedem Schüler sein Maß zuzuweisen.

Bei der Einführung in das perspektivische Zeichnen aus dem Kopfe unterlasse der Lehrer nie anzugeben, welcher formale Zweck damit verfolgt wird. Es muß überhaupt der lernenden Jugend täglich wiederholt werden, daß Zeichnen keine mechanische Tätigkeit, sondern eine Ausdrucksform der geistigen Tätigkeit ist; an allerlei Einzelfällen läßt sich das klar machen, sogar schon am Darstellen eines Quadrates aus dem Kopfe. —

Da von der Gründlichkeit des einleitenden Unterrichtes das sichere Fortkommen und die geistige Beweglichkeit im folgenden abhängt, so darf gerade im Anfange nichts überstürzt werden. — Da die Natur der Arbeit und die Art des Arbeitsstoffes eine gewisse Beziehung zur Mathematik aufweisen, insbesondere zur allgemeinen Stereometrie, so muß vernunftgemäß, entwickelnd verfahren und mit dem Schüler schon Bekanntem angefangen werden, zumal ihm ja das Zeichnen aus der Vorstellung noch neu ist. Es ist auch deshalb so einfach zu beginnen, damit sich der Schüler von Anfang an der Aufgabe gewachsen fühlt. Das fördert sein Selbstvertrauen und die Lust an der Arbeit.

Bei solchem Zeichnen spielt offenbar auch das Formengedächtnis eine wichtige Rolle; jeder fertige Zeichner, ob Techniker oder Künstler, ist „inwendig voller Figuren", d. h. er beherrscht eine Menge Dinge, mindestens die seines Interessenkreises auswendig. Durch bloßes Anschauen hat er das nicht erworben, wohl aber durch planmäßiges Zeichnen. Ordnung beim Lernen und Üben erleichtert auch diesen geistigen Erwerb.

Typische Formen nur können die Grundlage dieser Ordnung sein. Darum sind die hier gegebenen Übungen in Gruppen geteilt, deren einzelne Aufgaben ein gemeinsames typisches Merkmal haben, das an einem geometrischen Körper erläutert wird. Wer typische Formen — auch solche höherer Ordnung, z. B. auf ganze Maschinen bezogen — jederzeit nur so hinzeichnen kann, der hat auch die Fähigkeit, in jedem besonderen Gebilde die Grundformen oder den Grundgedanken schnell zu finden; damit aber merkt und skizziert sich ein solches leichter, denn der Einzelfall ist schließlich nur die Zuspitzung des typischen Falles ins Besondere. — Um das Gedächtnis zu schulen, um die Vorstellung zum Erzeugen von Bildern zu zwingen, um zum Zusammennehmen der Gedanken zu erziehen, gibt es kein besseres Mittel als Zeichnen ohne Modell, aus dem Gedächtnisse. —

Wenn die Schüler dieses Aufgabenbuch in Händen haben, so ist es ganz gut möglich, auch diesen Unterricht, wie den nach Modell, als Einzelunterricht zu betreiben; für gut beanlagte Schüler ist das offenbar ein Vorteil. Ja es ist sogar möglich, im Notfalle gemischten Unterricht, d. h. ohne und nach Modell nebeneinander einzurichten. Dabei fällt die Handhabung des Unterrichtes für den Lehrer immer noch einfacher aus, als wenn alle nach Modell zeichnen. Aber der große Wert des Massenunterrichtes — das Wesentliche des Massenunterrichtes ist die gemeinsame Belehrung aller — ist nicht zu unterschätzen. Hierfür aber hat sich der Lehrer eine besondere Aufgabensammlung anzulegen, analog den hier eingehaltenen Gruppen, um die schnelleren Schüler noch innerhalb der einzelnen Übungsgruppe befriedigen zu können (vergl. Taf. 21 und 22). Die Aufgaben klebt man am besten auf kleine Papptafeln. — Im äußersten Falle genügt je eine Aufgabe aus jeder Gruppe der krummflächigen Objekte zur Erledigung der Gesamtleistung.

Der Lehrer skizziere (vielleicht in anderer Lage, als sie im Buche steht) und bespreche die allgemeine Lösung, erläutere sie wohl auch noch an der Tafel durch eine Anwendung, aber die Übungsaufgaben löse er nicht vor. Jede sei gleichsam eine Prüfungsarbeit. Damit der Schüler durch Eigenarbeit auf die Höhe kommt, muß von Anfang an das äußerste Maß von Selbständigkeit von ihm gefordert werden. So nur auch lernt der Lehrer am zuverlässigsten die Kraft des einzelnen Schülers kennen.

Die Zeichnungen der Schüler sollen keine „Bilder“, sondern „Lehrzeichnungen“ sein. Deshalb mögen wichtige Hilfslinien, Achsen, Spuren der Mittelebenen usw. sichtbar bleiben. Besonders bei den perspektivischen Zeichnungen ohne Modell soll der Weg zur Lösung klar erkenntlich bleiben für den Lehrer, der nur dadurch sicher erkennen kann, ob der Zeichner folgerichtig arbeitete usw.; danach richtet sich die Nachhilfe.

Die Ausführung der Zeichnungen geschieht der besseren Haltbarkeit wegen mit der (Schreib-) Feder; nur bei reicherer Oberflächenbewegung ist Bleistift bequemer, weil geschmeidiger (No. 3 u. 2).

Solche Stiftzeichnung kann, um sie vor dem Verwischen zu schützen, fixiert werden.

In einem Notizbuche werden Erläuterungsskizzen (nach Vortrag), gestellte Aufgaben notiert, die möglichen Lagen eines Objektes probiert. Sonst wird auf dem Blocke gearbeitet (ca. 26 : 36 cm); Block und Buch, ein Quartheft genügt, sind am besten aus leerem weißem Papiere, damit man an keine bestimmte Art der Darstellung gebunden ist. So wird auch am ehesten Freiheit des Auges und der Hand erreicht.

Wand- und Handvorlagen sind ausgeschlossen, also auch alles Kopieren. Skizzen an der Wandtafel dienen nur zur Erläuterung der Aufgabe und zur Kennzeichnung des Weges der Allgemeinlösung und der Darstellung, nicht als Vorbilder zum Abzeichnen. — Nur beim Schattieren wird der Lehrer zuweilen „vormachen" müssen, sogar in mancher Schülerarbeit, da gerade das nur andeutende Schattieren sehr schwer für Ungeübte ist.

Wo dieses freihändige Zeichnen und die Projektionslehre in derselben Abteilung in eine Hand gelegt werden können, wird durch ein inniges gegenseitiges Durchdringen dieser Disziplinen der formale Zweck beider: Bilden der Raum- und Formvorstellung, um so gründlicher erreicht werden. Das Zeichnen in Parallel-P. festigt nämlich die noch im Projektionszeichnen Wankenden ganz gehörig; vor rund 25 Jahren hat das der Verfasser an sich und seinen Kameraden bereits selbst erfahren.

Wenn aber dieses Skizzieren nach, mit und ohne Modell schon in der Schule möglichst fest werden soll, dann muß es während der ganzen Studienzeit geübt werden, d. h. in den oberen Semestern ist wenigstens darauf zu sehen, daß es die Schüler anwenden, so oft es tunlich ist.

Plan für wöchentlich zwei Doppelstunden während zweier Semester.

Formaler Zweck: Bildung der Formen- und Raumvorstellung, des plastisch-anschaulichen Denkens.

Materieller Zweck: Förderung der Sachkenntnisse, Vermittelung des Verständnisses der Parallel- und der Anschauungsperspektive, sowie Aneignung der Fähigkeit, freihändig

1. Maschinenteile und ä. nach der Wirklichkeit „aufnehmen" und auch in Anschauungsperspektive,
2. einfache Körper und Grundformen von Maschinenteilen nach zeichnerischer oder mündlicher Aufgabe in Parallelperspektive,

3. Maschinenteile, einfache Apparate, Vorrichtungen u. dergl. nach
gegebenen Projektionen oder Aufnahmeskizzen plastisch-anschaulich
zeichnen zu können.

1. Semester: Übungen im Aufnehmen und perspektivischen
Skizzieren nach der Wirklichkeit. — Gruppen- und Einzelunterricht.

Übungsstoff: a) Ebenflächige Objekte.

Würfel, Backsteine, ferner Dinge wie der Holzverband Taf. 2,
Fig. *A* mit Gegenstück, wodurch auch Eckverbindung ermöglicht wird.
Ferner etwa ⊤- und Doppel-⊤-Profil von Taf. 3*a*, aber die Längskante
mind. 20 cm lang. Weiter ∟-Prismen, aus zwei quadratischen Platten
zusammengezinkt, da ein solches drei verschiedene Stellungen zuläßt:
eine Platte liegend, beide Platten lotrecht, dachartige Lage. — Nun
weiter mit schiefen Flächen; die Holzverbände Taf. 4, das einzelne
Stück 6 : 12 : 24 cm groß; dazu noch einiges von Taf. 5, wie etwa
Fig. 10, 11, 18, 21. — Am besten sind doppelte Exemplare von den
Anfangskörpern in der Sammlung.

b) Krummflächige Objekte.

Voll- und Hohlzylinder (Holz), 20—25 cm hoch; kleine Riemen-
scheiben (wie auf Taf. 9); aus Kegelstumpfen und Zylinder bestehender
Körper als Grundform von einem Kegelrad, am besten achsial gespalten,
damit die Erzeugenden dieses Drehungskörpers deutlich werden; weiter
Grundformen von Maschinenelementen, wie sie in der Dortmunder
Sammlung vorliegen. — Kuppelungen, Lager, Absperrvorrichtungen
(Ventile, Schieber, Hähne), Exenter, Schubstangen-, Kreuzköpfe. — Bei
manchen größeren Objekten werden neben der Aufnahme nur besondere Teile perspektivisch wiedergegeben, wie z. B. bei Handpumpen
die Ventile, oder das Objekt wird perspektivisch halbiert bis geviertelt.

Folge und Wahl der Modelle richtet sich nach dem, was die
Schulsammlung bietet; innerhalb derselben muß der Lehrer jedes Stück
sozusagen ausprobieren, an welche Stelle der Schwierigkeit nach es zu
setzen ist.

Arbeitsleistung: Bis 15 Blatt; Textfig. 22 etwa 2—3 Doppel-
stunden; nur Bleistiftausführung bedeutet Zeitgewinn, aber Federaus-
führung gibt der Zeichnung mehr Kraft und Klarheit.

2. Semester: Übungen im parallel-perspektivischen Darstellen mit und ohne Modell resp. nach gegebenen Projektionen usw. —
Massenunterricht; Erläuterungsmodelle, Vortrag mit Wandtafel-
skizzen z. B. Fig. *A—K* der Taf. 9—20.

Übungsstoff: a) Ebenflächige Objekte.

Taf. 1—7. Wenn möglich, ziehe man an der Fachschule diesen Stoff etwas zusammen, damit mehr Zeit bleibt für die

b) krummflächigen Objekte.

Taf. 8—20. Aus jeder dieser Tafeln ein Objekt gibt 8—9 Blatt als gute Arbeitsleistung; 6—7 Blatt ergeben die a-Tafeln. — Durch Einschränken der Schattierung kann Zeit gewonnen werden.

Höchste Gesamtleistung (2 Sem.) war bisher 33 Blätter bei guter Arbeit, manchem verwickelten Stücke und durchweg Federzeichnung.

———

Zum vergleichenden Studium seien hier noch genannt:

1. „Das Skizzieren von Maschinenteilen in Perspektive" von Ingenieur C. Volk; Julius Springer, Berlin 1902 (1,40). — Darin wird, mit Berufung auf die Professoren Riedler und Radinger in großem Zuge gut, wenn auch nur andeutend, das „Zeichnen nach Vorstellung" entwickelt für fertige Techniker. Im Schlußkapitel wird die „Lösung konstruktiver Aufgaben" in Perspektive behandelt.

2. Die isometrische Darstellung ist eingehend behandelt im „Leitfaden für das isometrische Skizzieren" von Ingenieur Dr. Grimshaw; Gebrüder Jänecke, Hannover 1902 (1,00).

3. Wer aber eine „Begründung und Veranschaulichung der sachlich notwendigen zeichnerischen Darstellungen und ihres Zusammenhanges mit der praktischen Ausführung" sucht, der studiere das schon genannte Buch: „Das Maschinen-Zeichnen" von A. Riedler; Julius Springer, Berlin 1896 (6,00), das leider im Buchhandel gänzlich vergriffen ist.

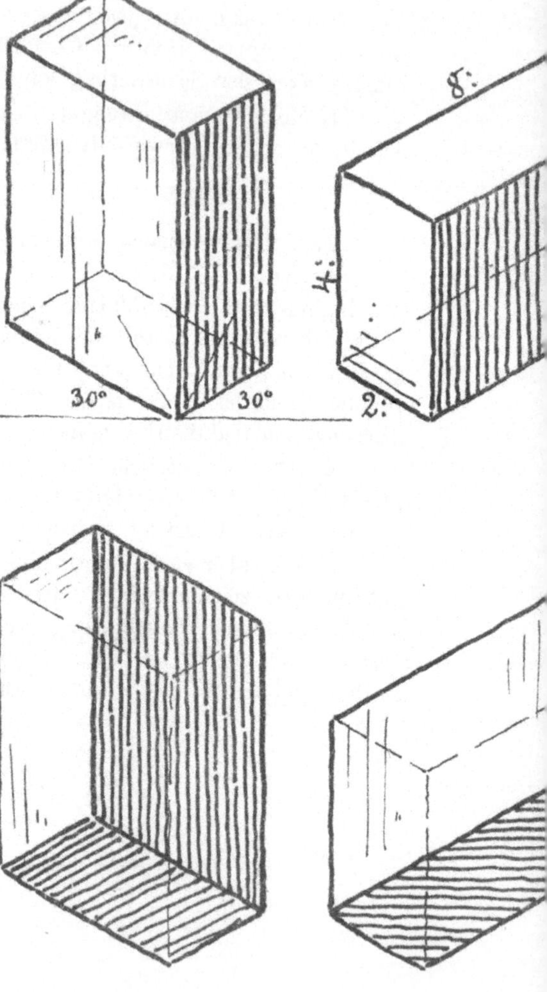

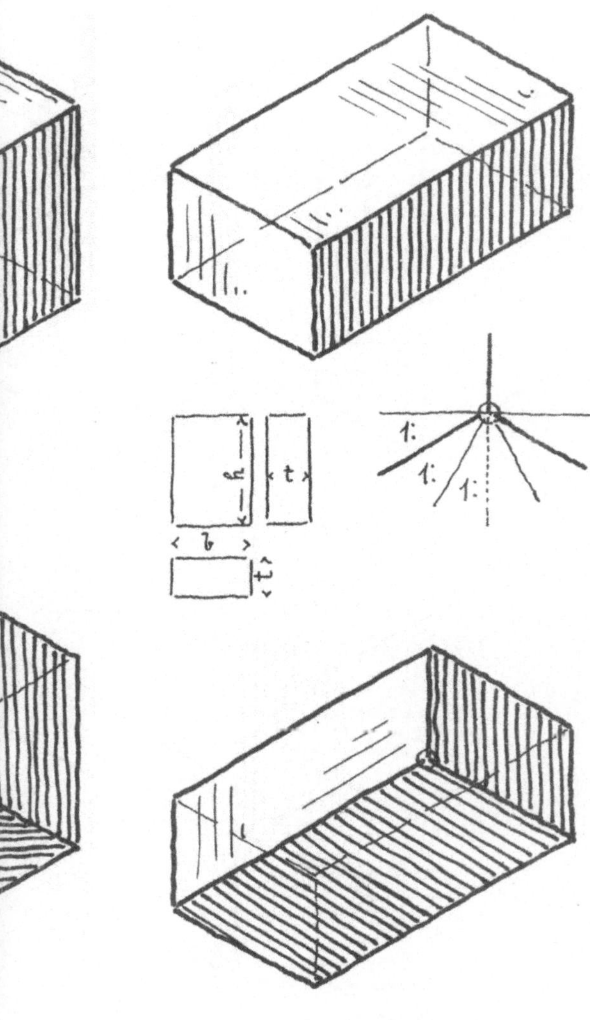

Geogr.-lith. Anst. u. Steindr. v. C. L. Keller, Berlin S.

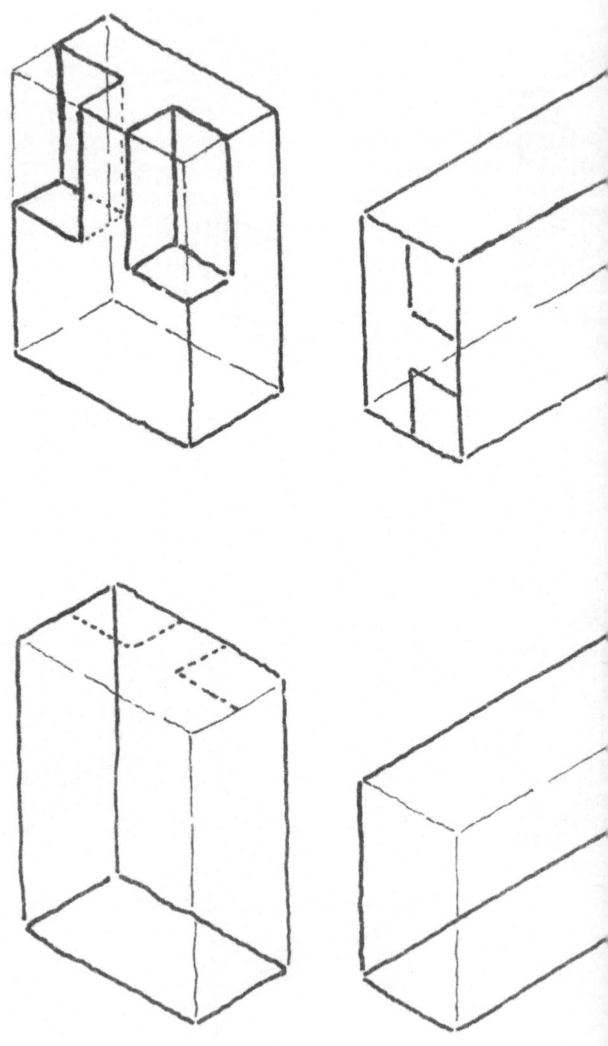

Verlag von Julius Springer in Berlin.

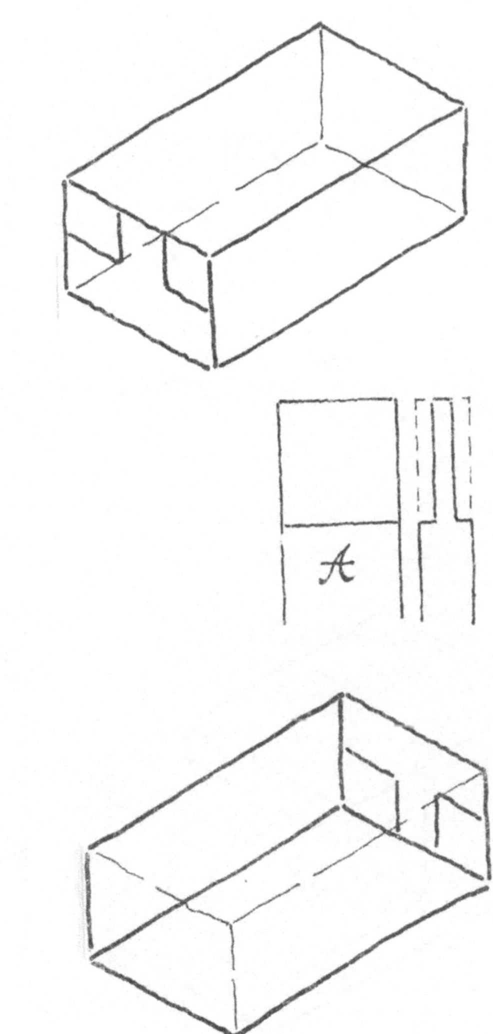

A

a.

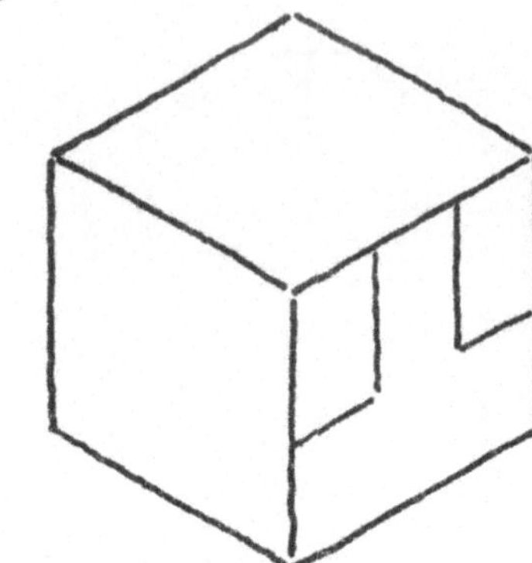

b.

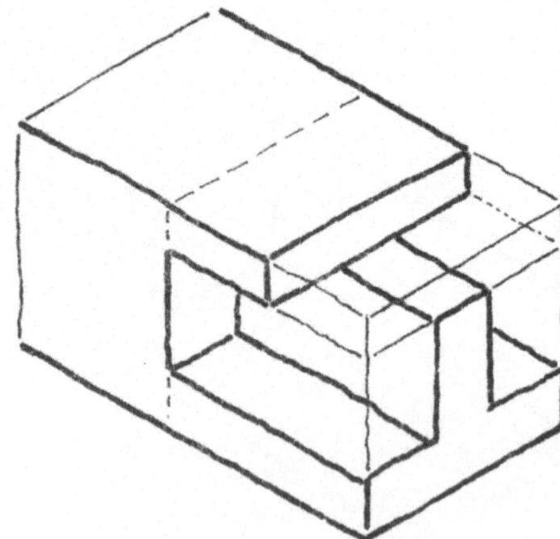

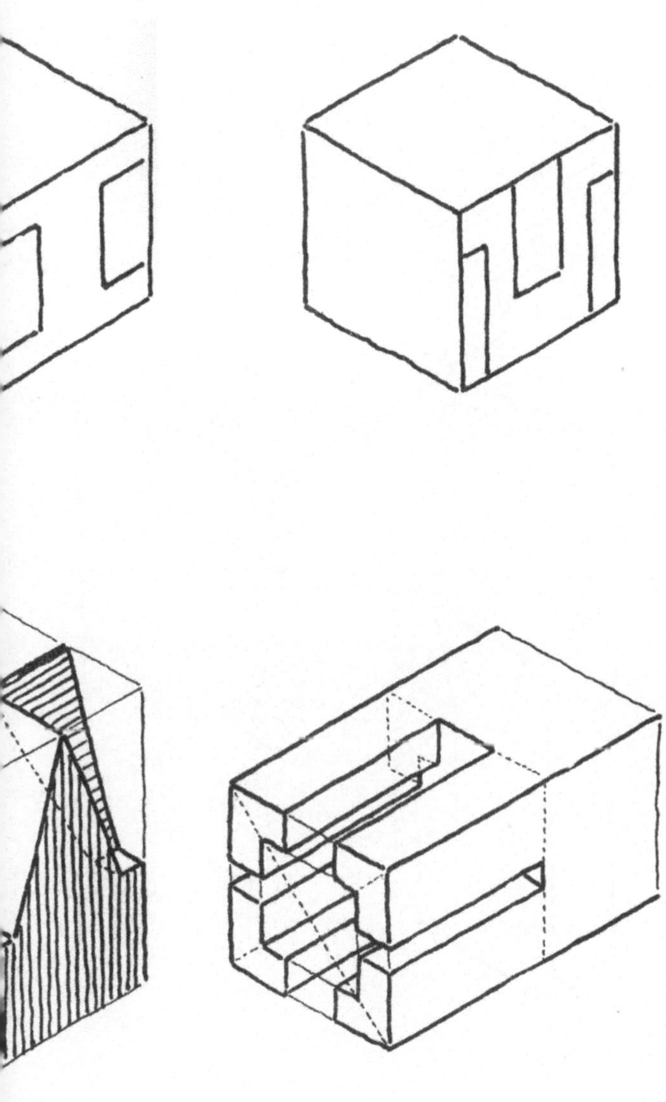

Keiser, Skizzieren.

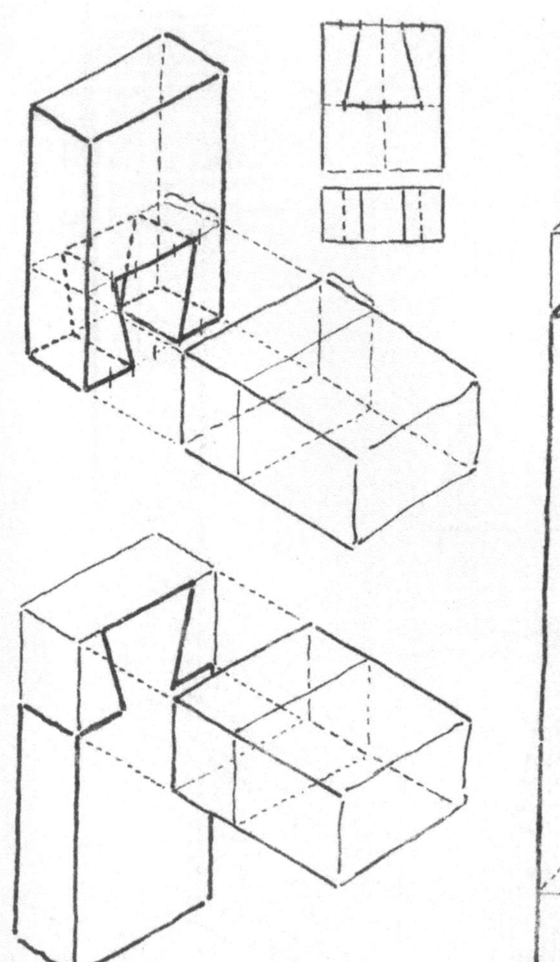

Verlag von Julius Springer in Berlin.

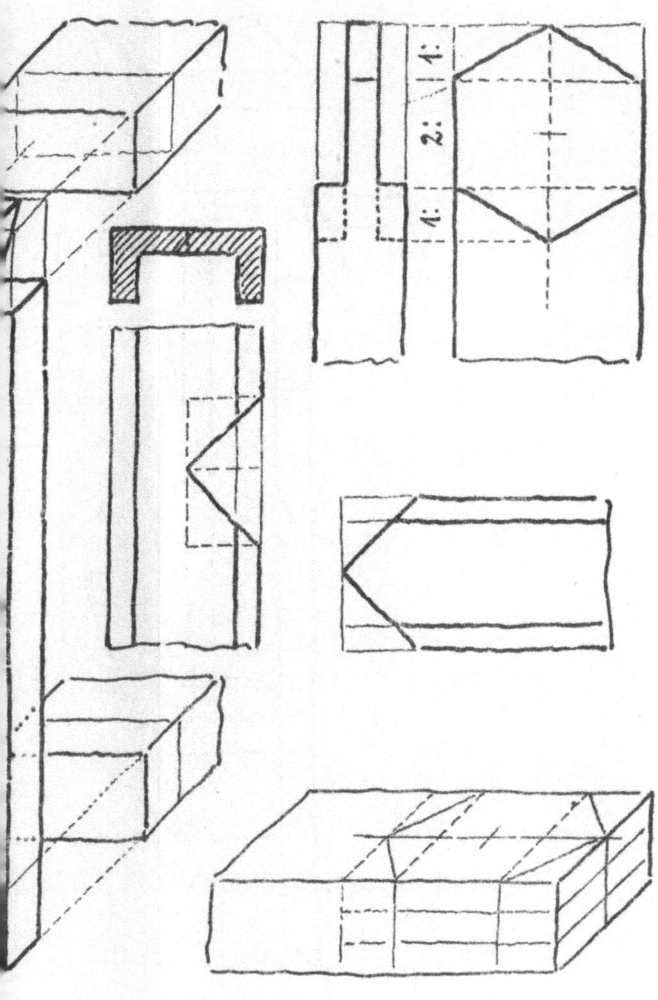

1:
2:
1:

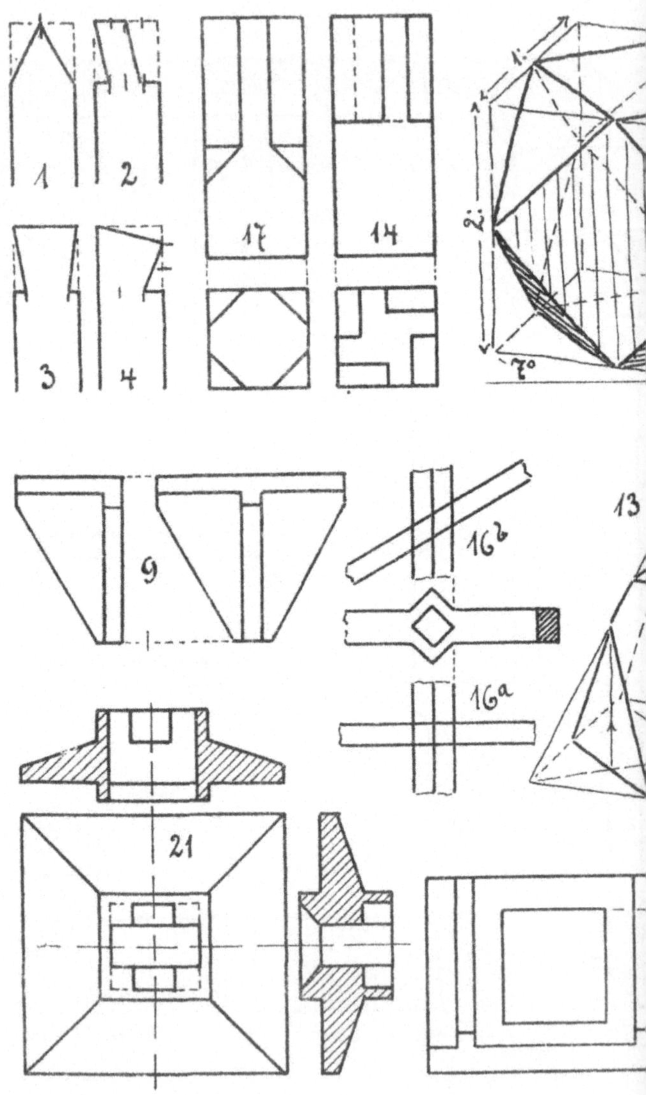

Verlag von Julius Springer in Berlin.

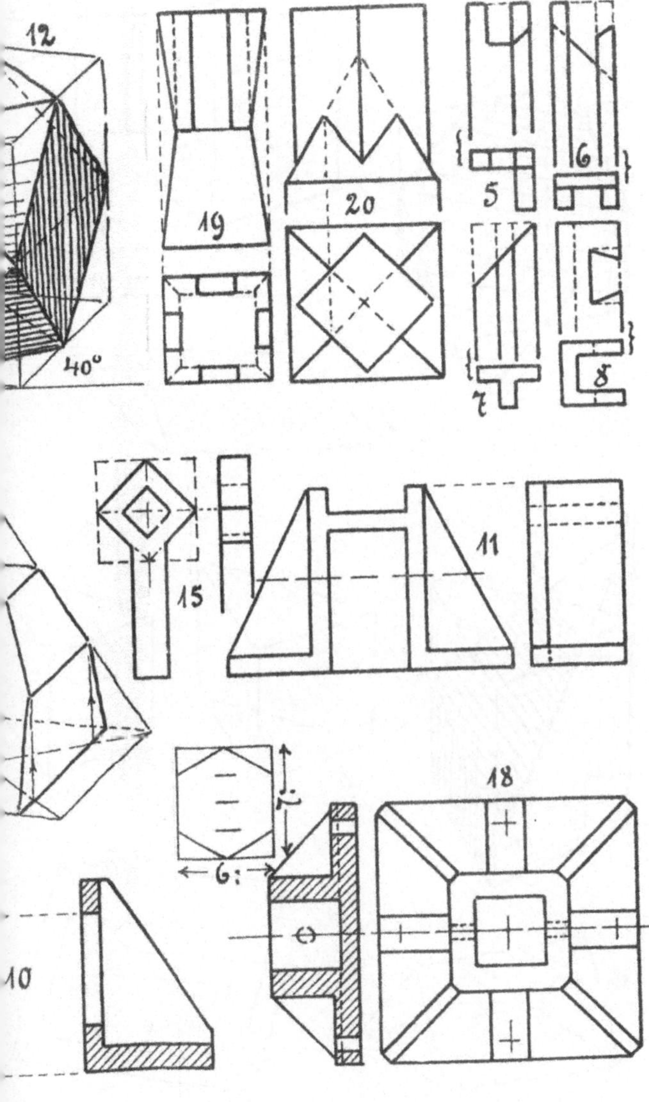

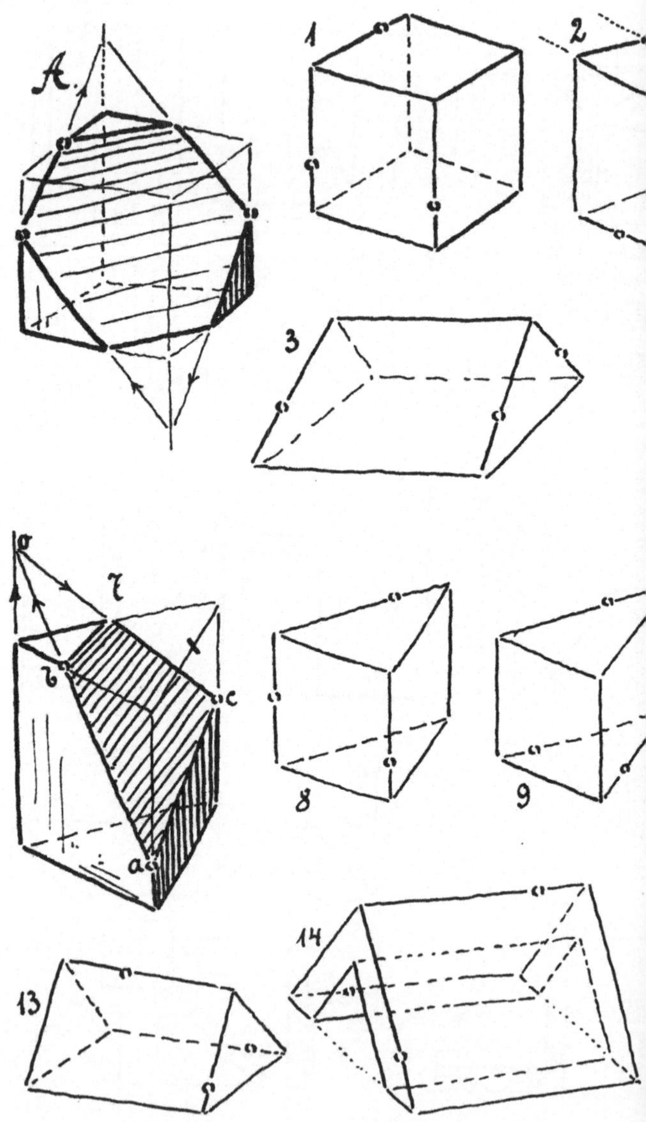

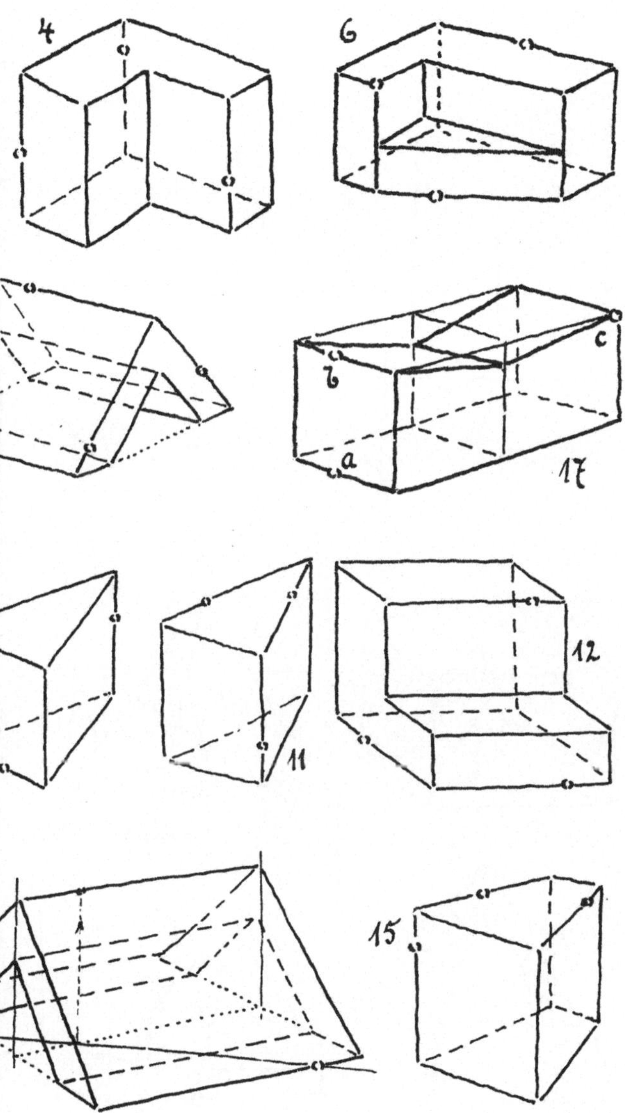

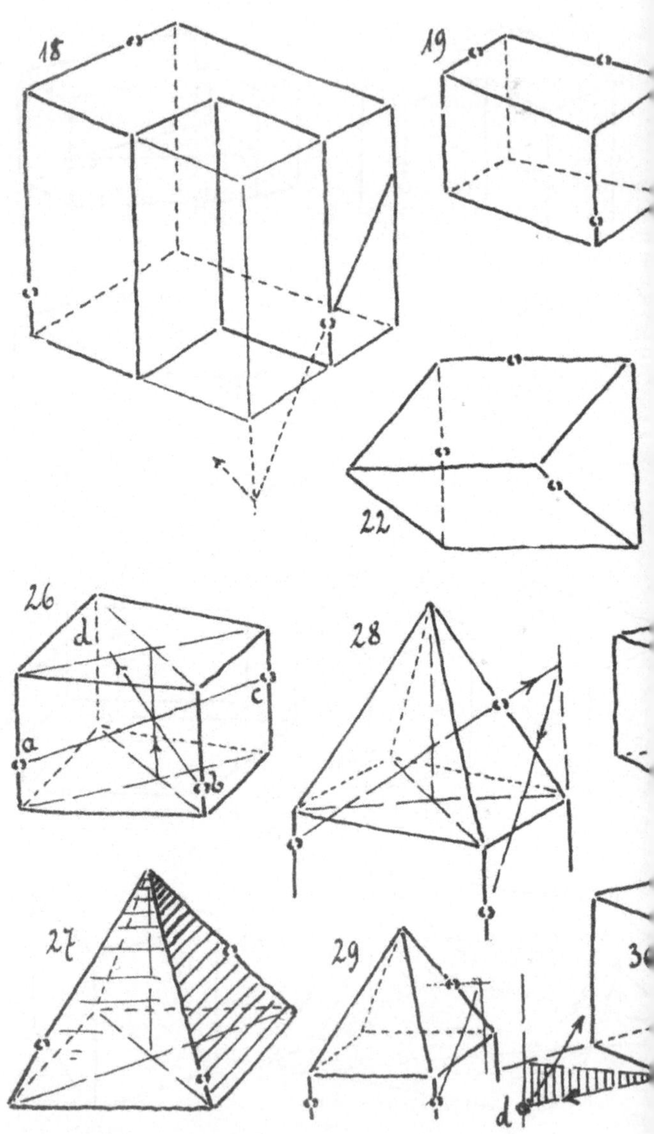
18
19
22
26
d
c
a
b
28
27
29
30
d

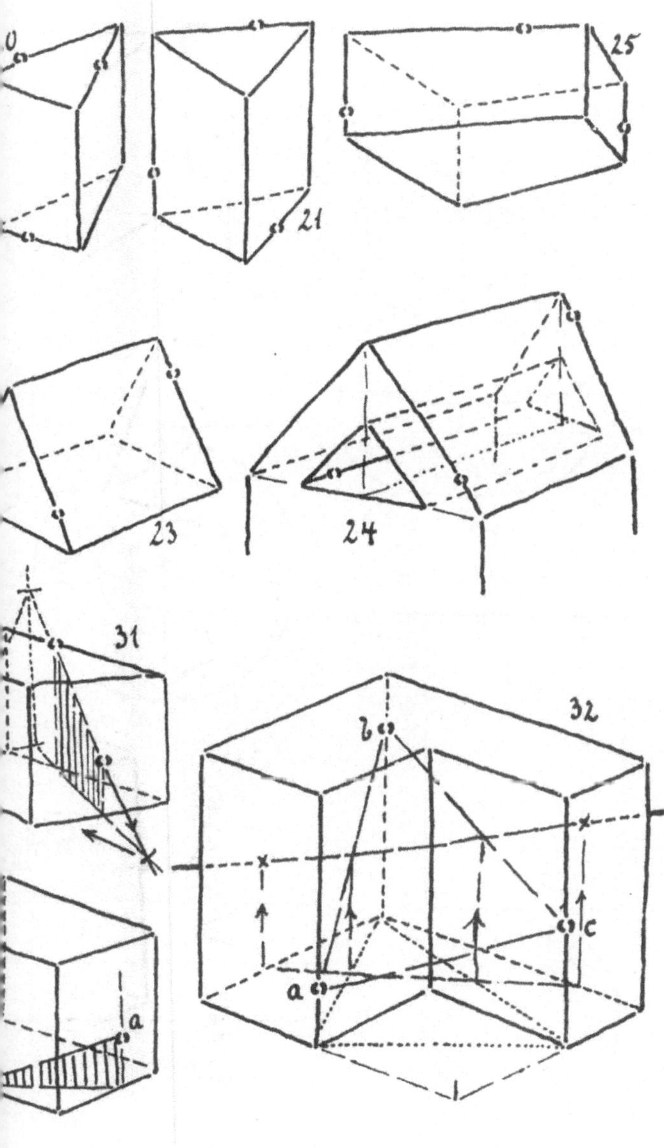
21
25
23
24
31
32
a
b
c

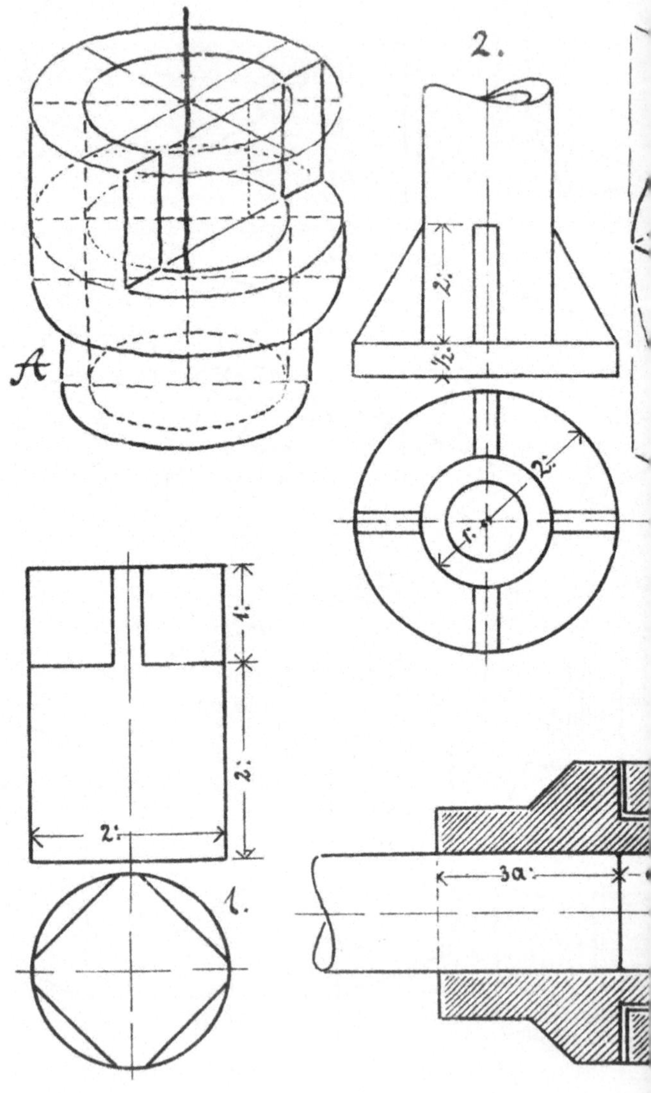
A
2.
1.

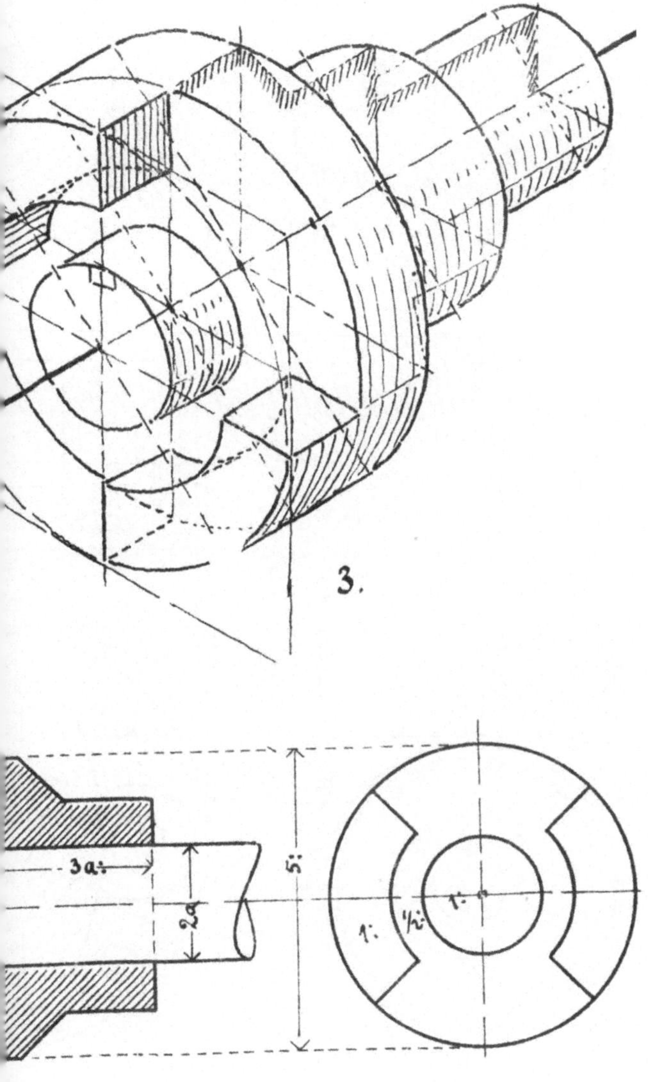

3.

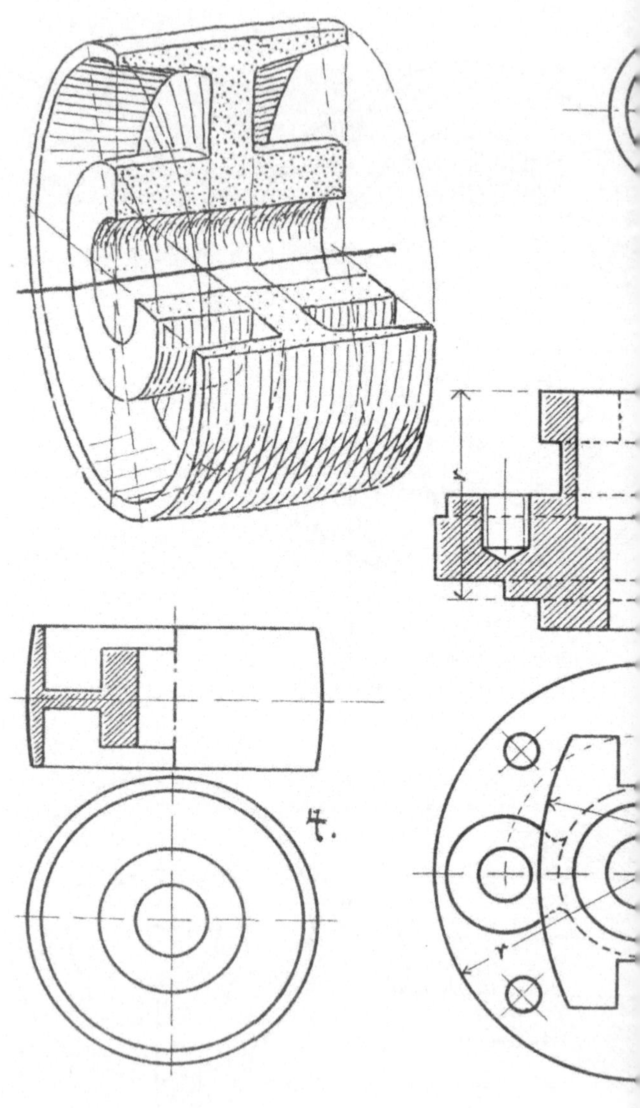

4.

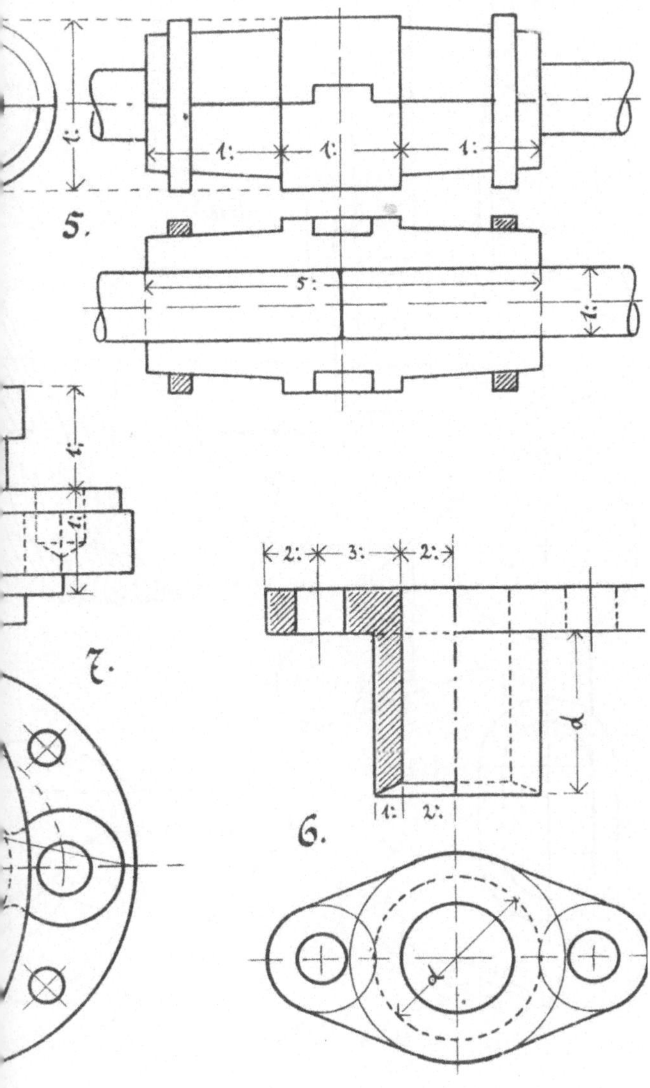

5.
7.
6.
d

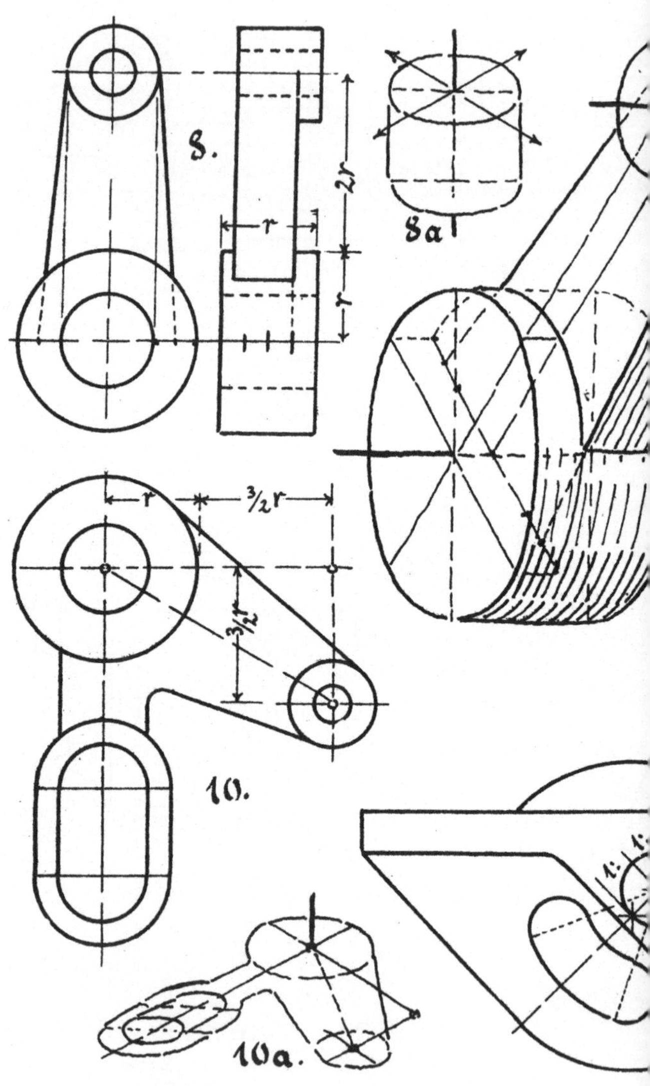

Verlag von Julius Springer in Berlin

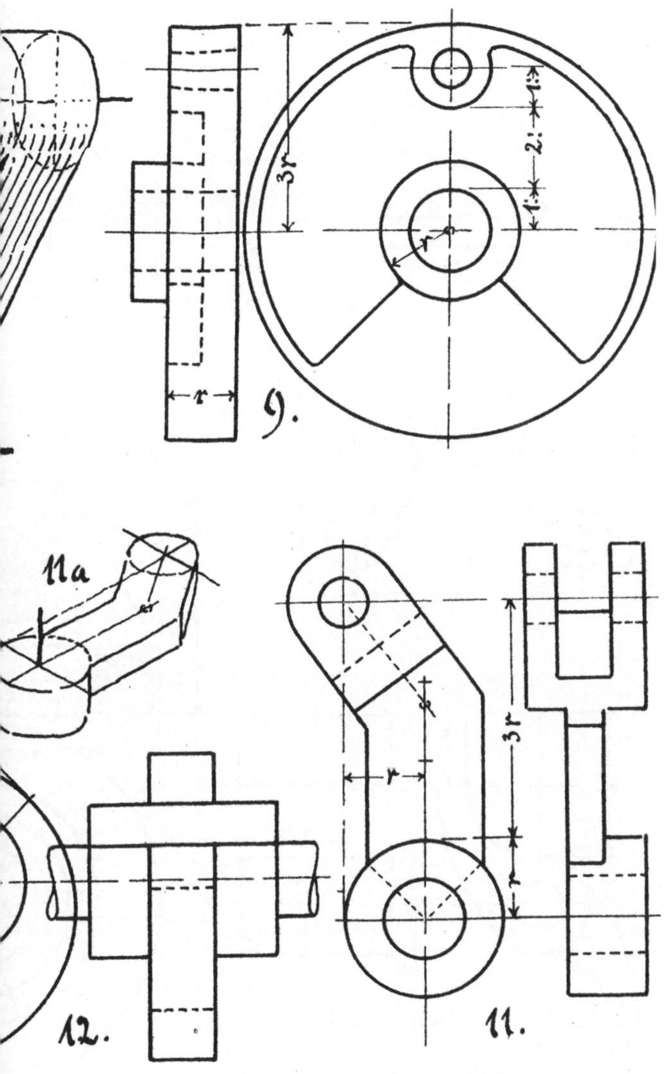
3r
r
9.
11a
3r
r
r
12.
11.

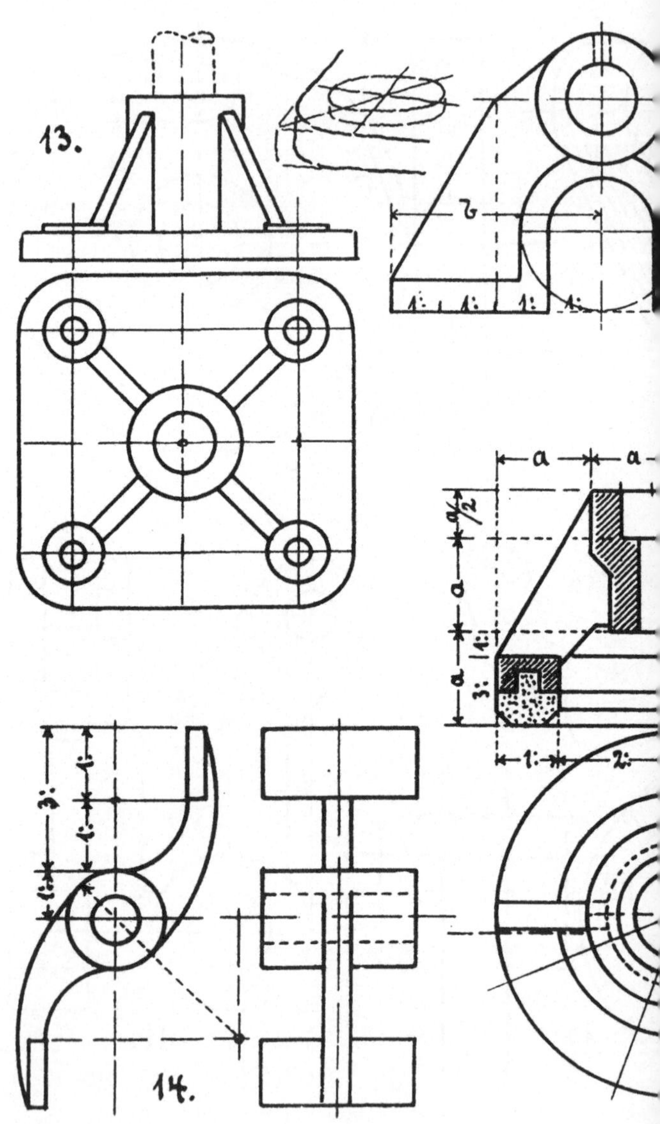

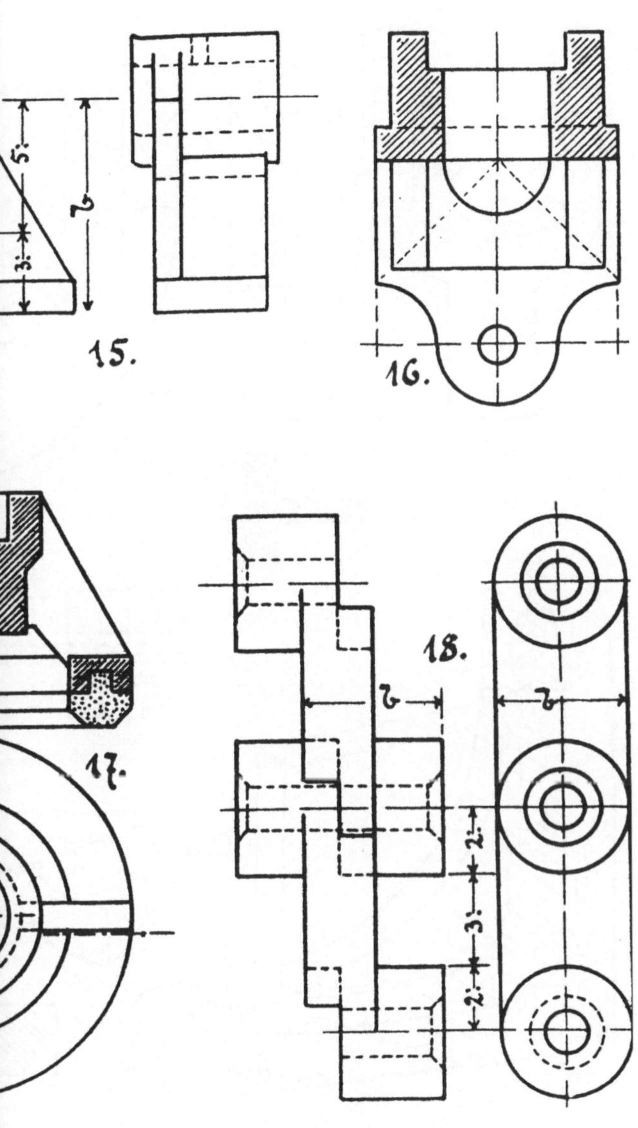

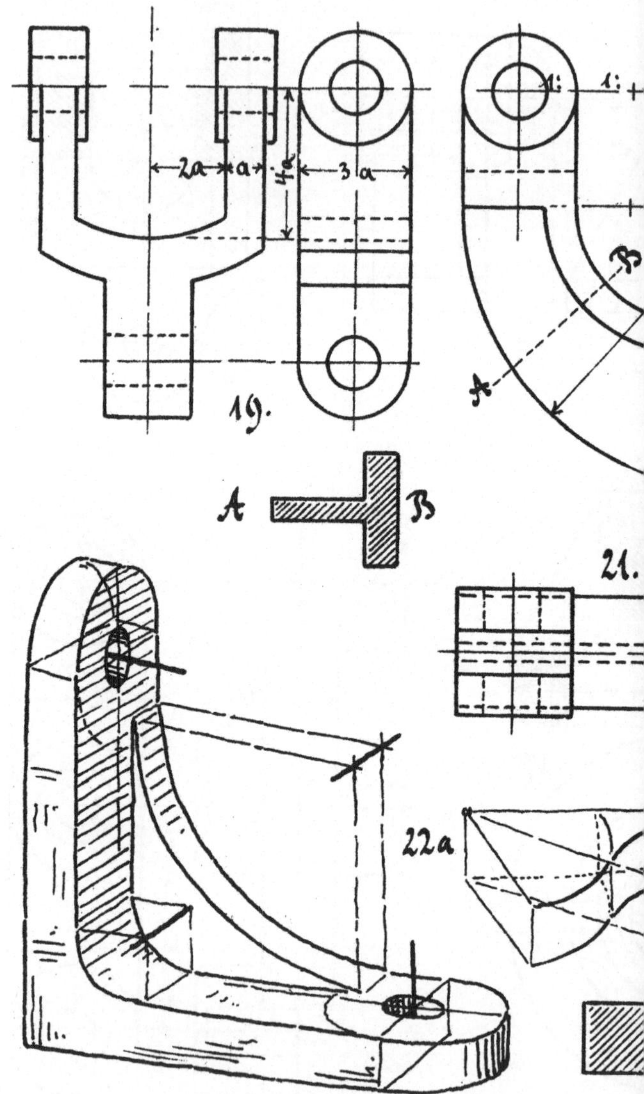
2a
a
3a
19.
A
B
21.
22a
A
B

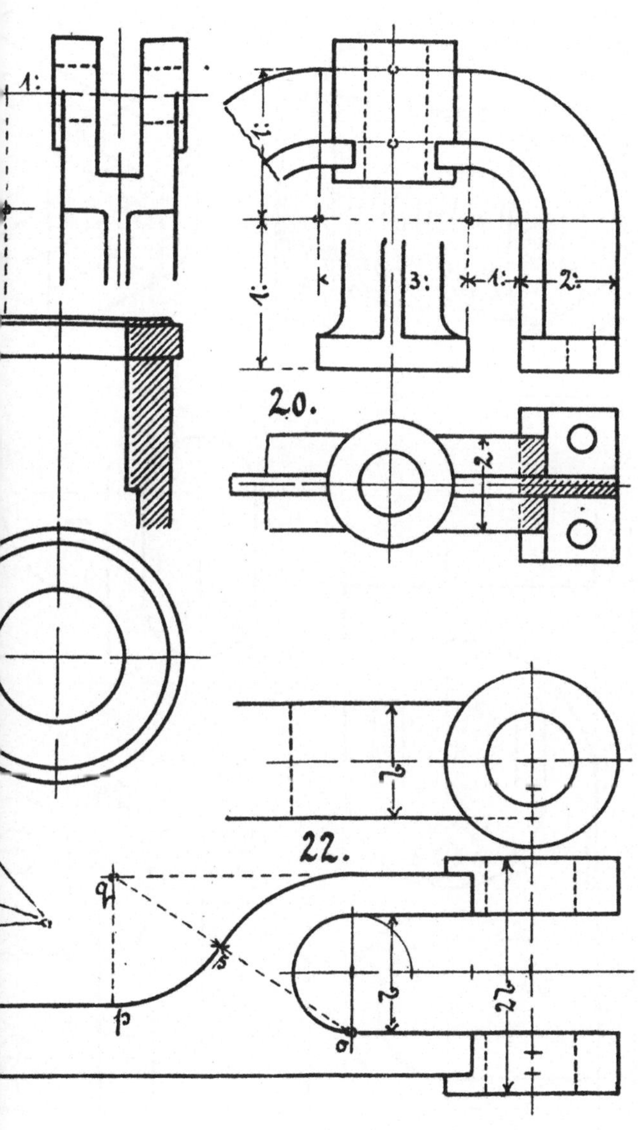
20.
22.

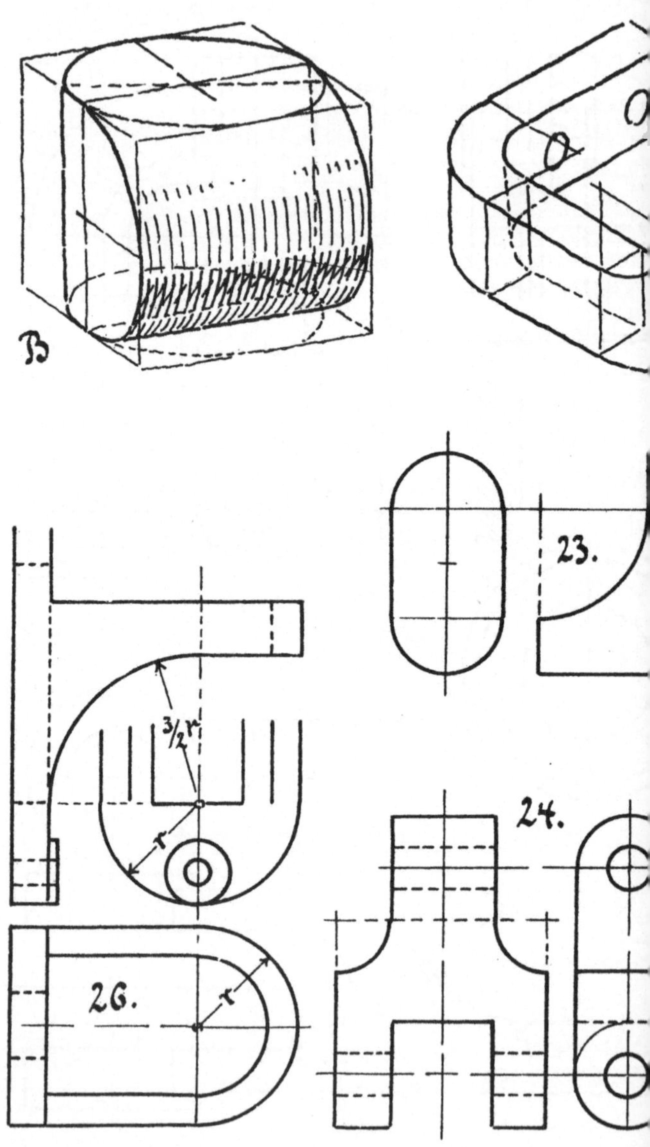
23.
24.
26.
3/2 r
r
r
B

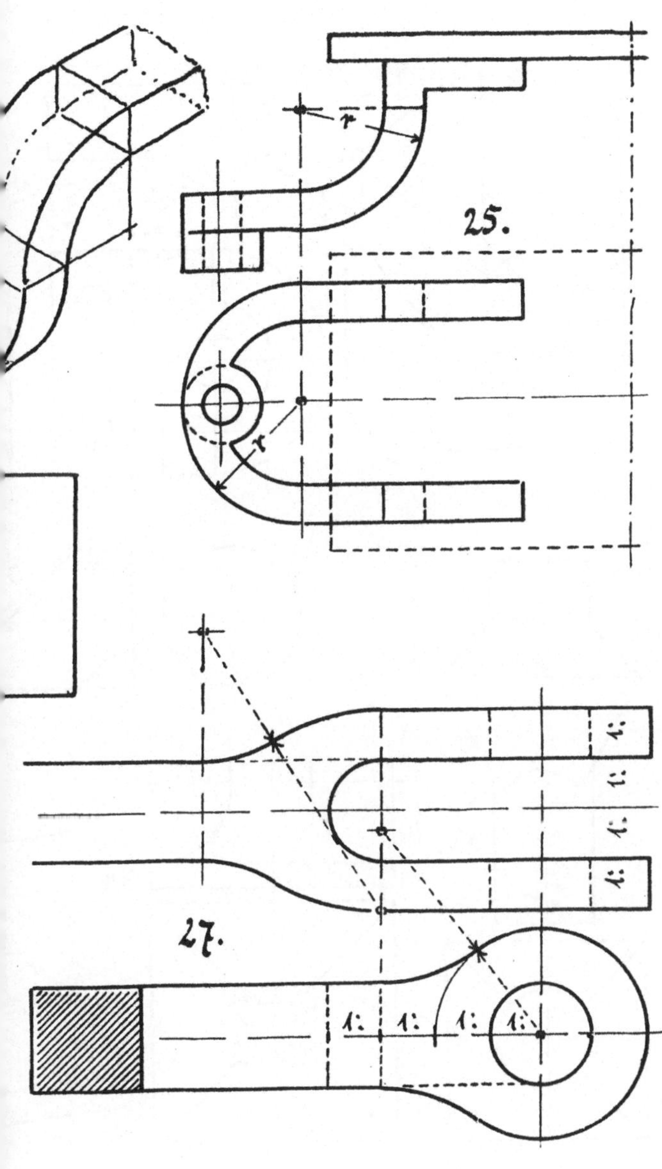
25.
27.

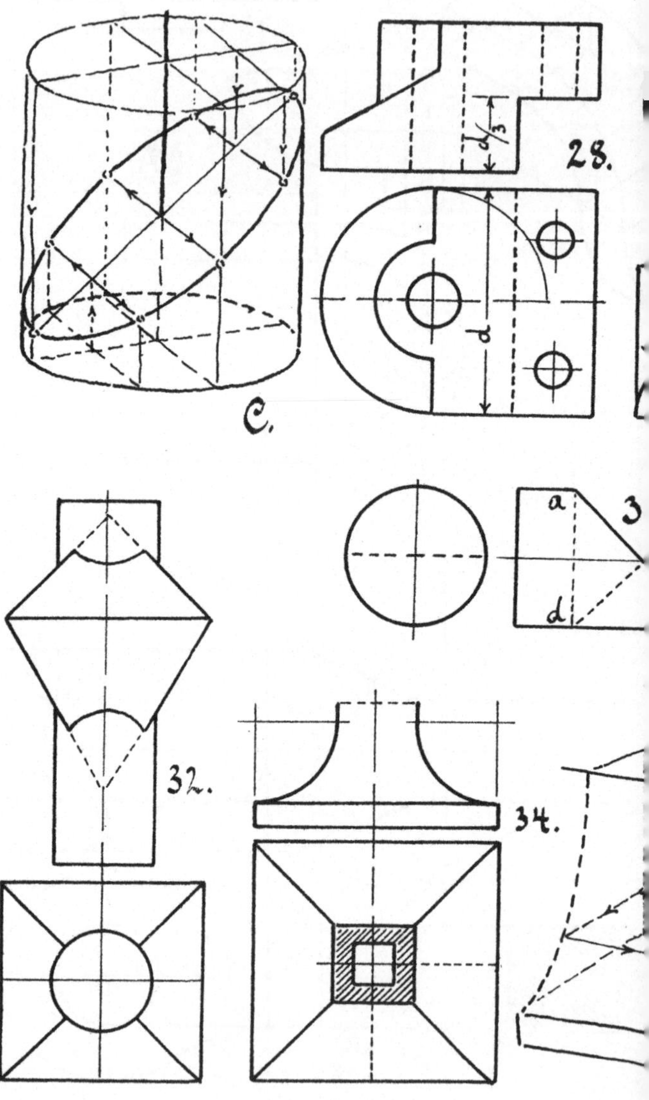

28.
C.
d/3
d
a
d
32.
34.

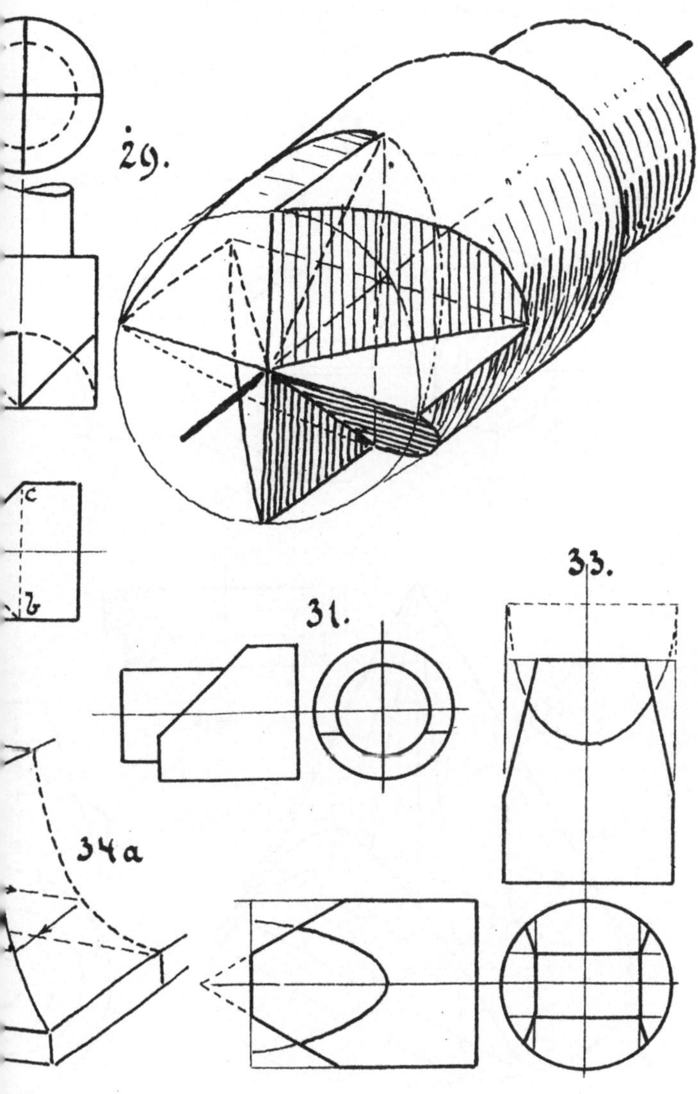
29.
31.
33.
34a

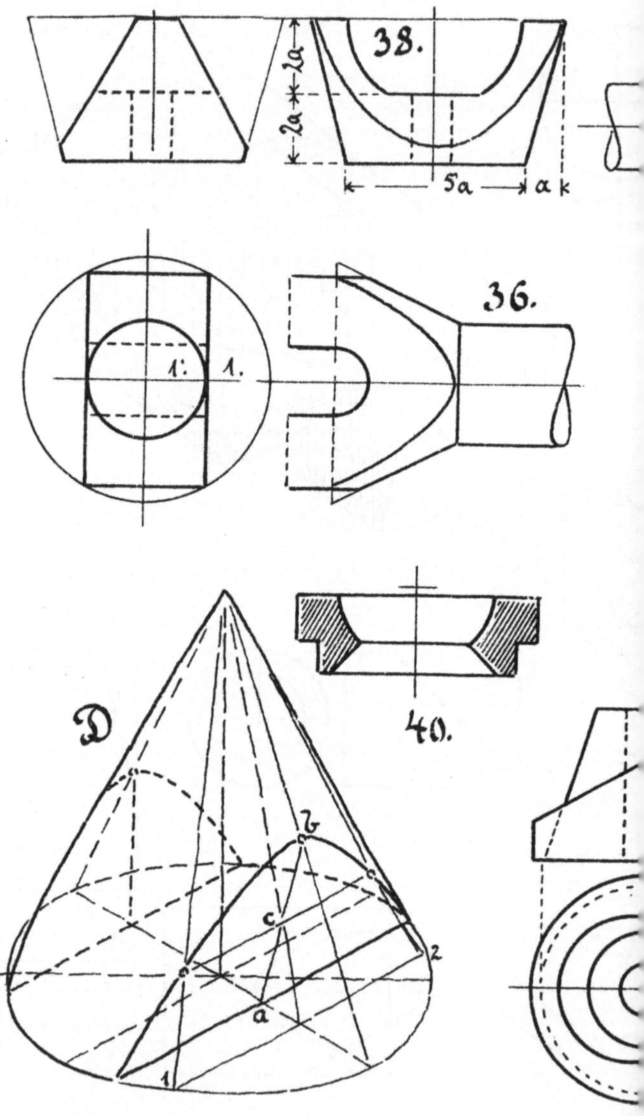
38.
2a
2a
5a
a
36.
D
40.
2
c
a
1

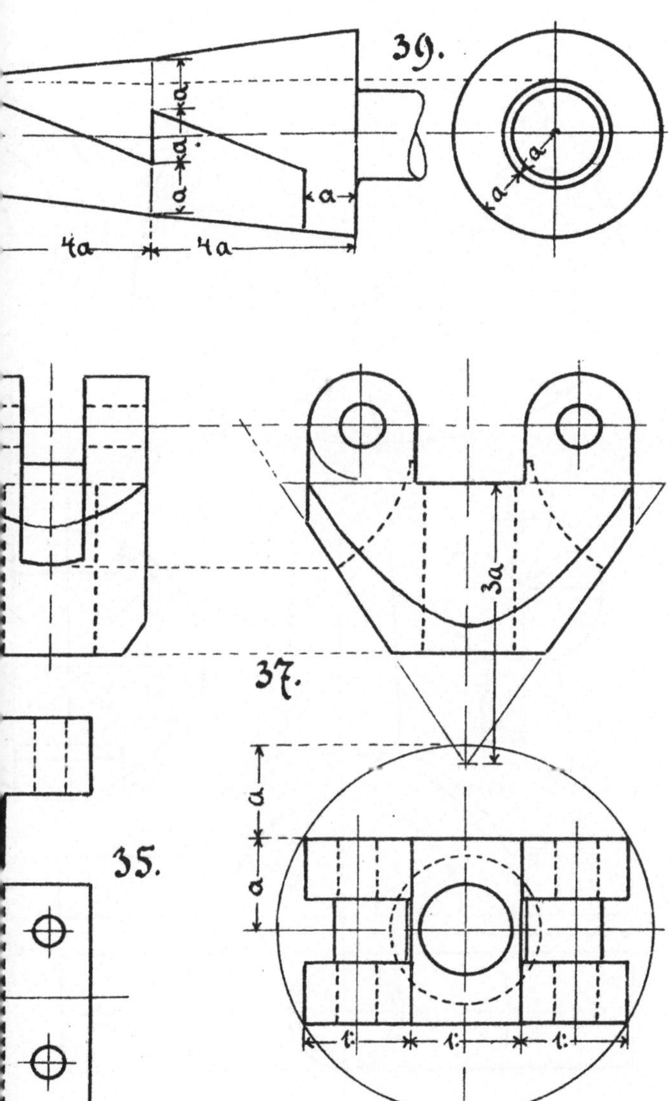
39.
4a
4a
a
a
a
a
3a
37.
35.
a
a

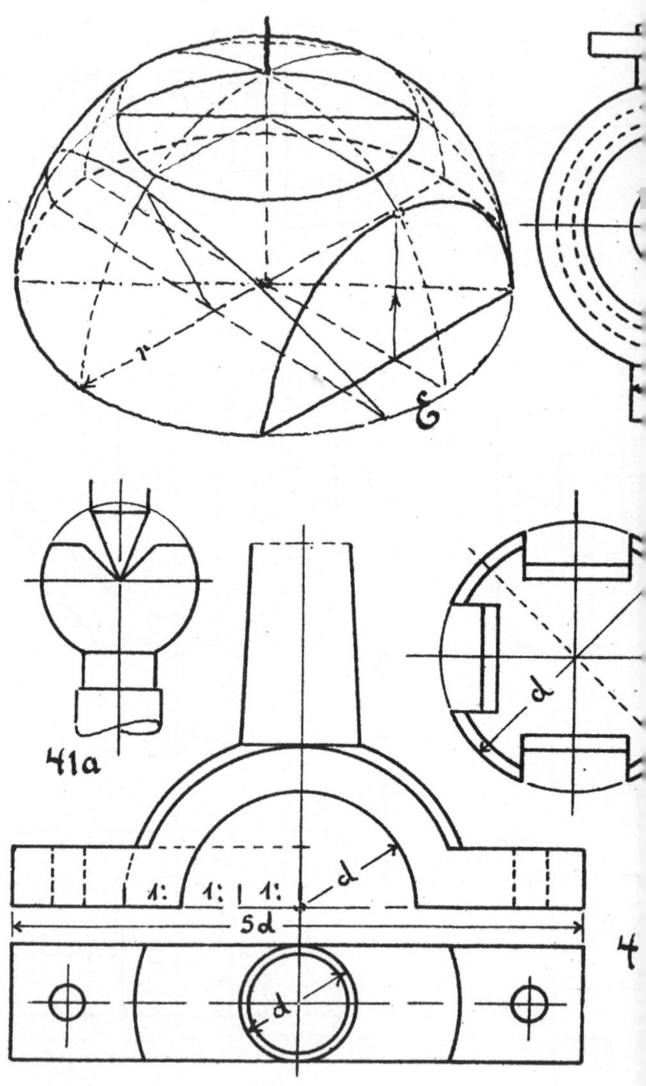
41a
1: 1: 1:
5d
d

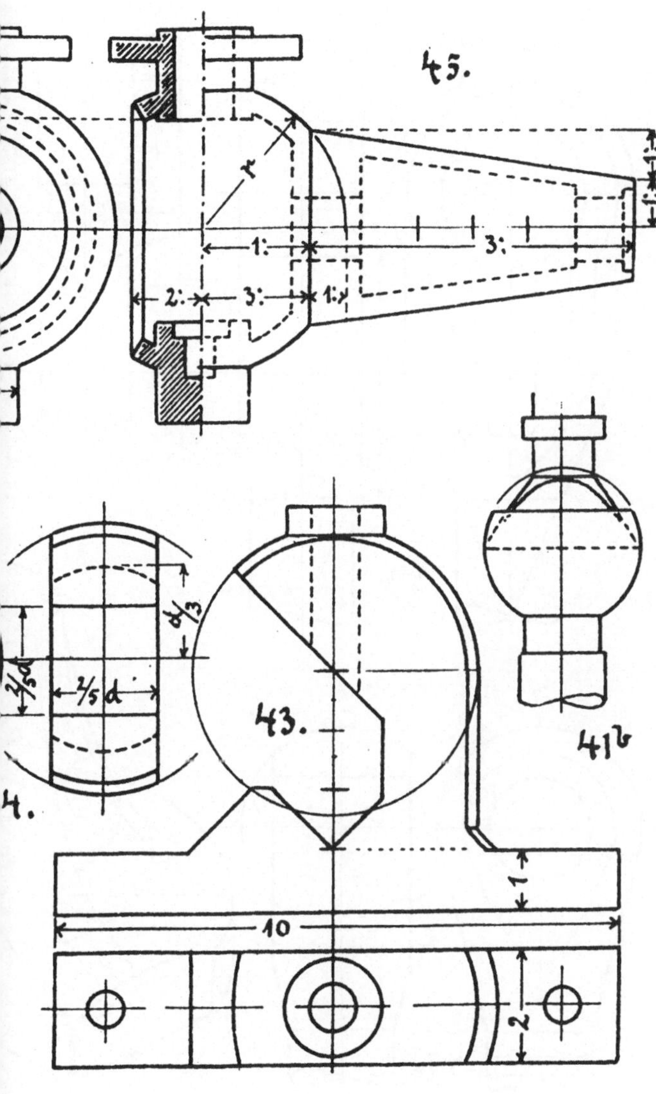
45.
43.
41b.

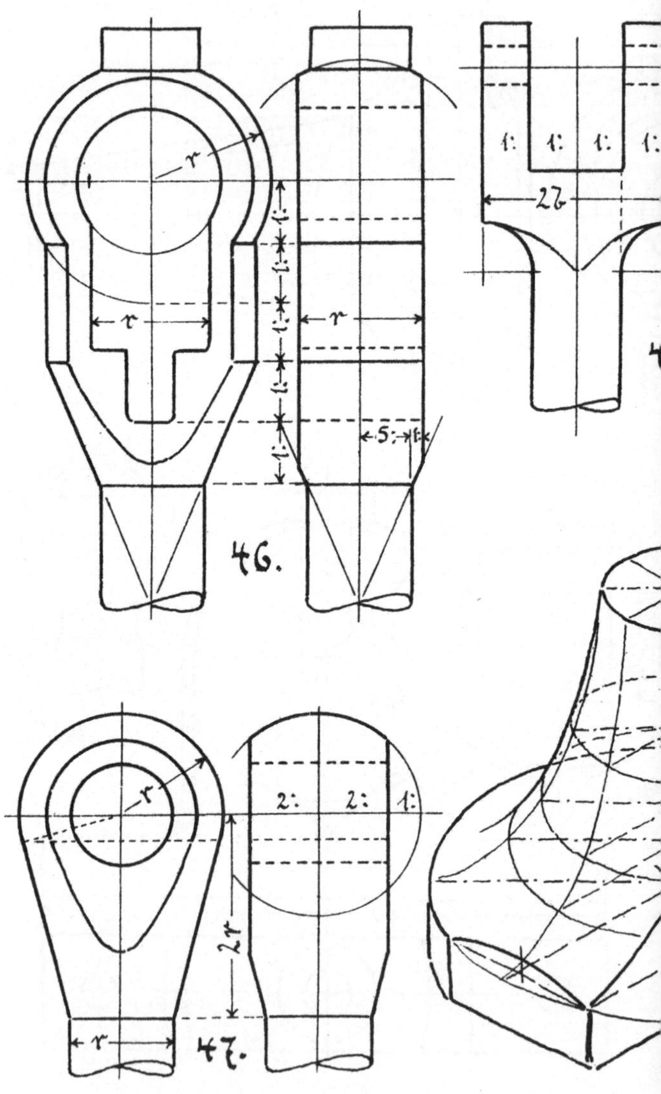
r
r
46.
r
5:
26
2: 2: 1:
r
2r
r
47.

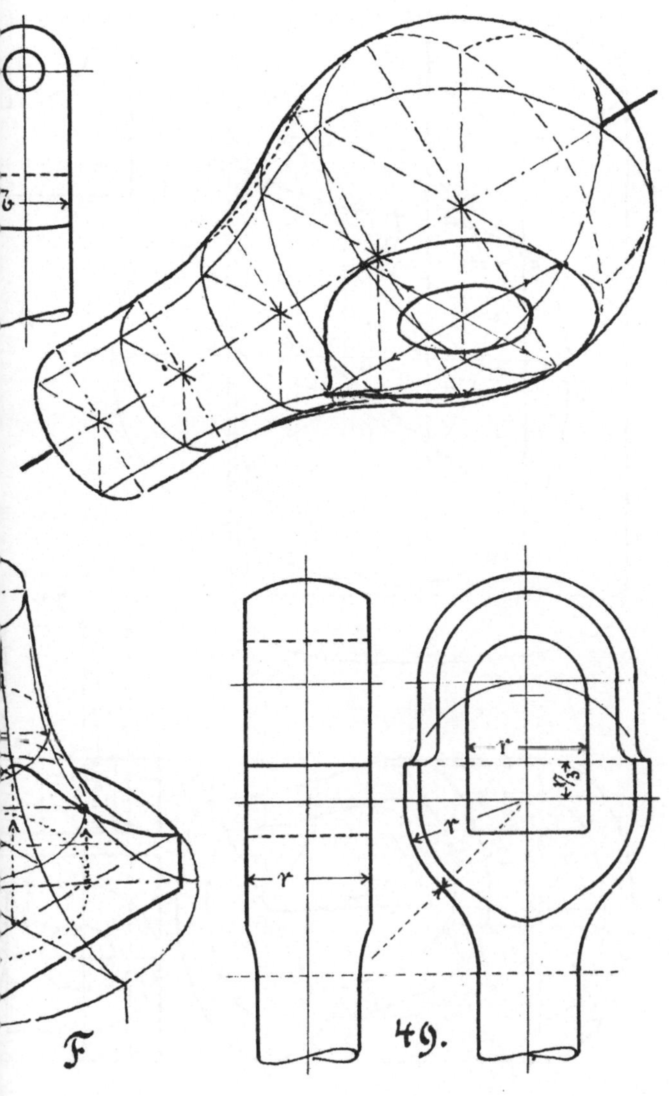
F
49.

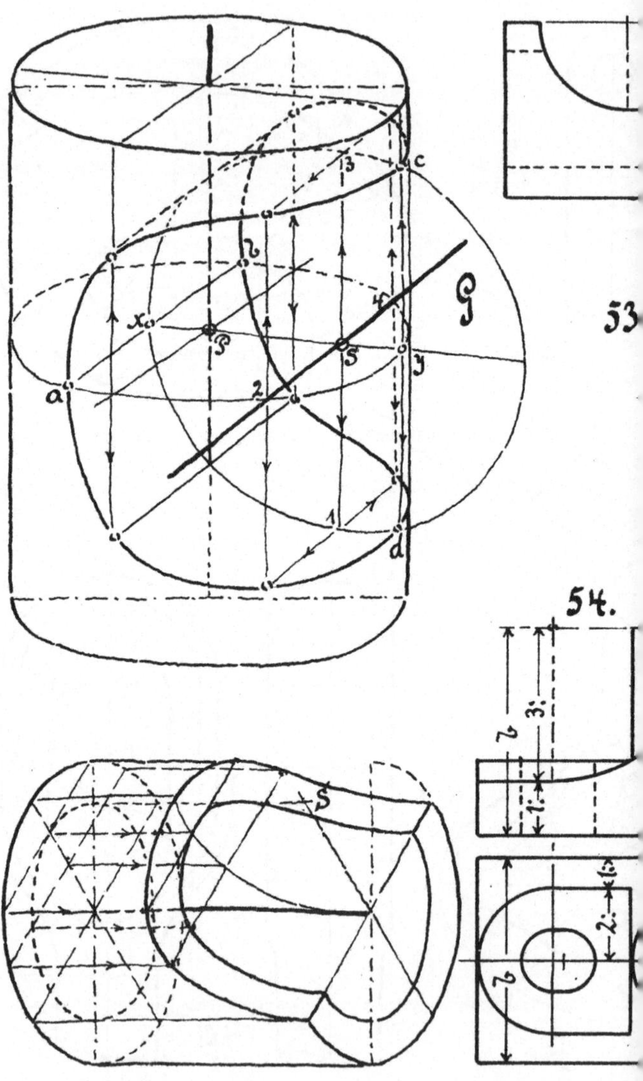

53.
54.

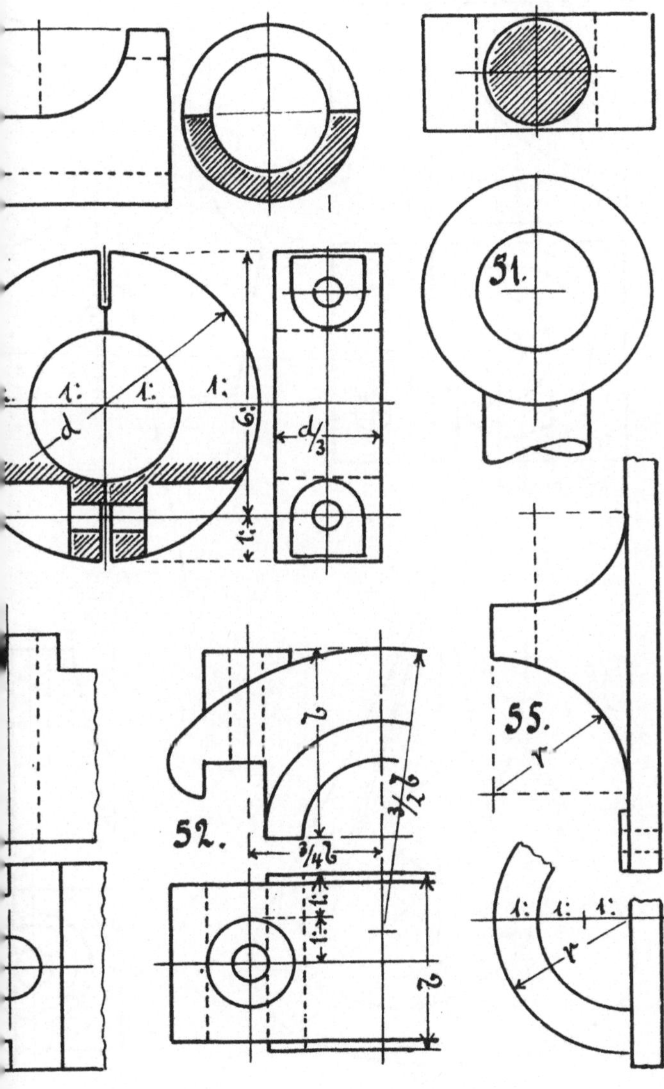

Geogr.-lith. Anst. u. Steindr. v. C. L. Keller, Berlin S.

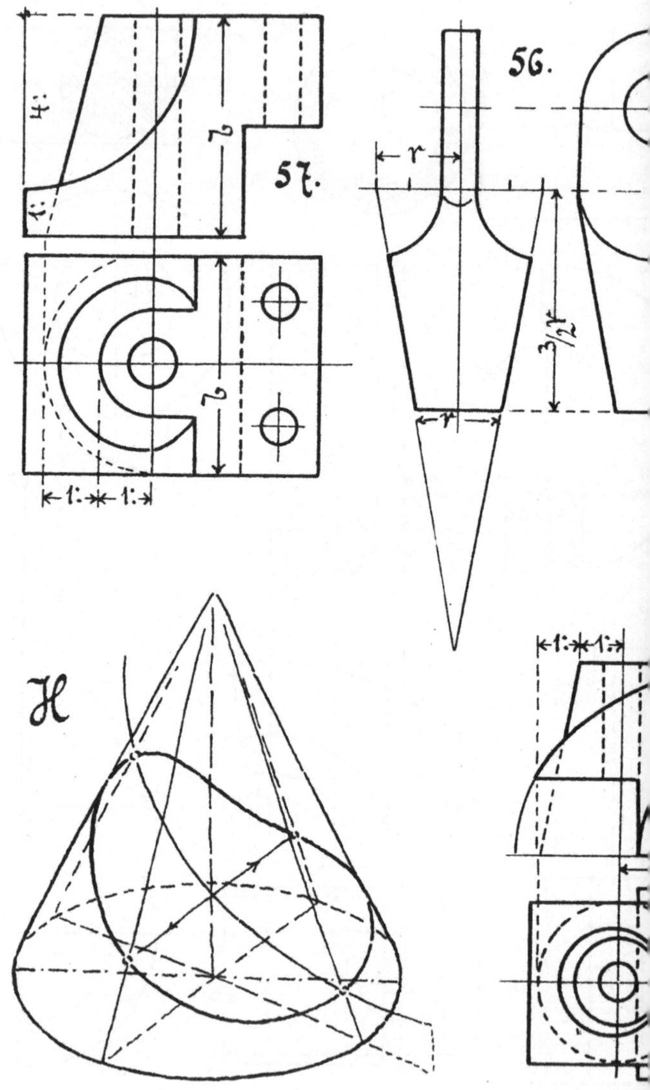

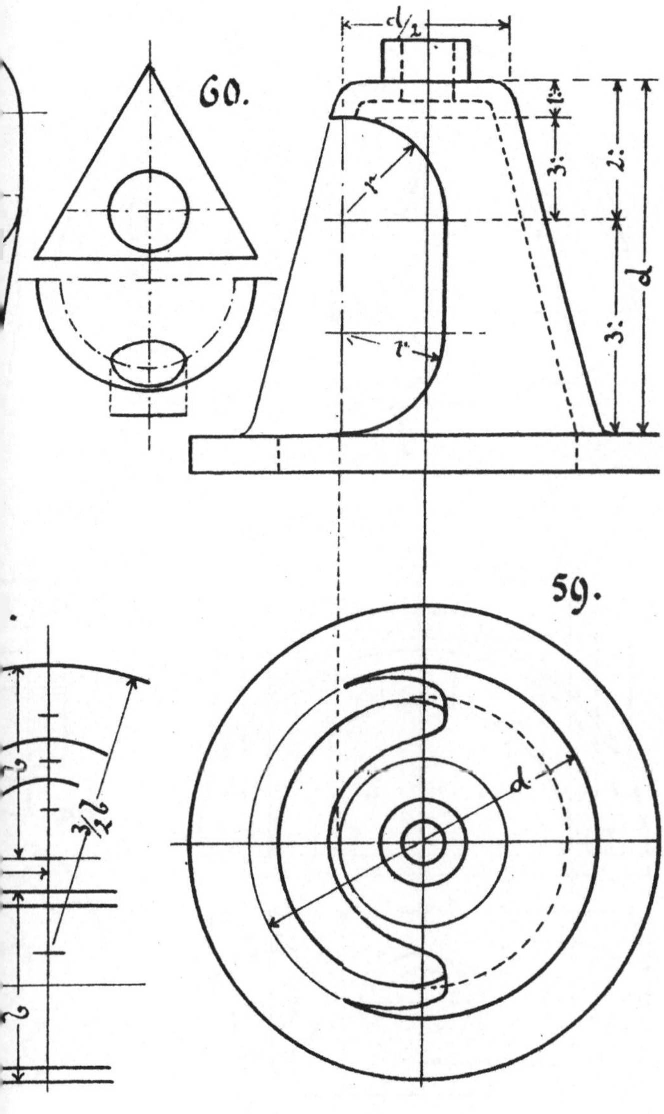

60.
59.

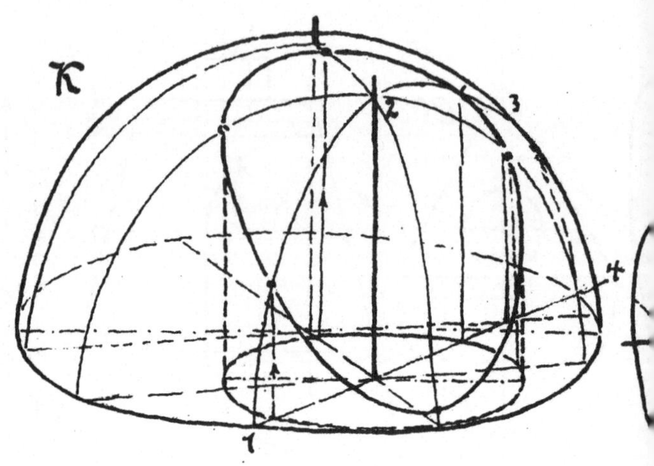

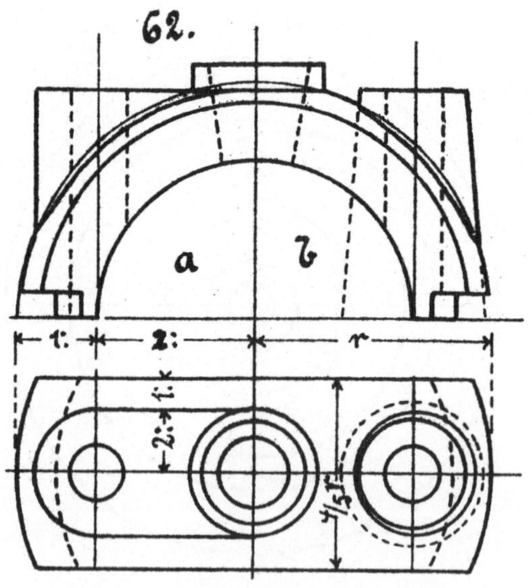
62.
a
b
63.

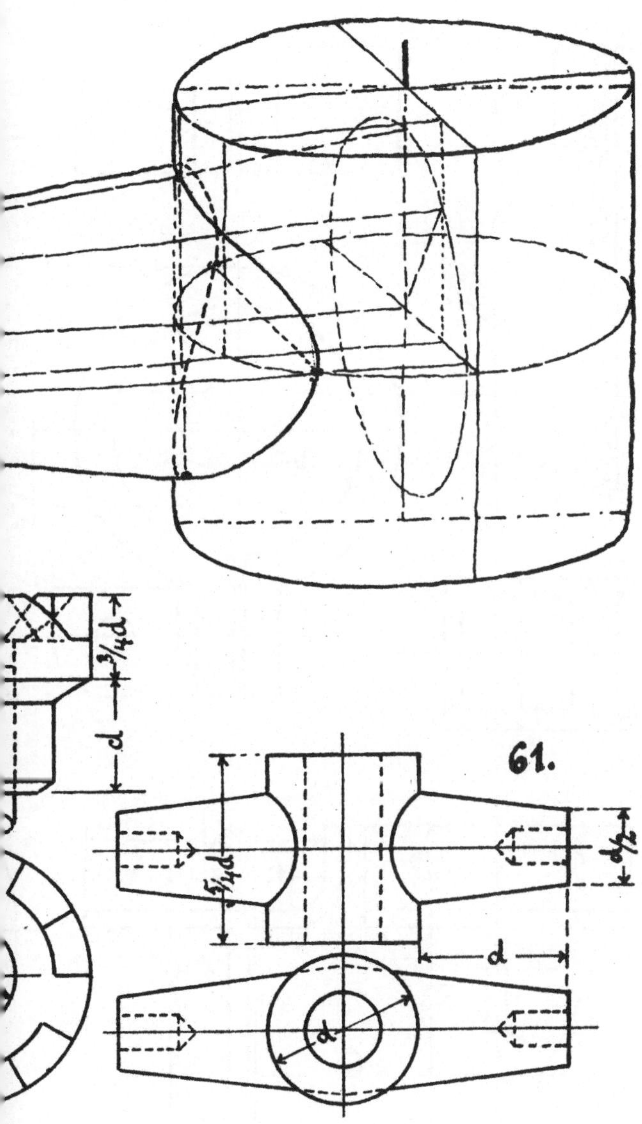

61.
d
¾d
d
⁵/₄d
d/₂
d

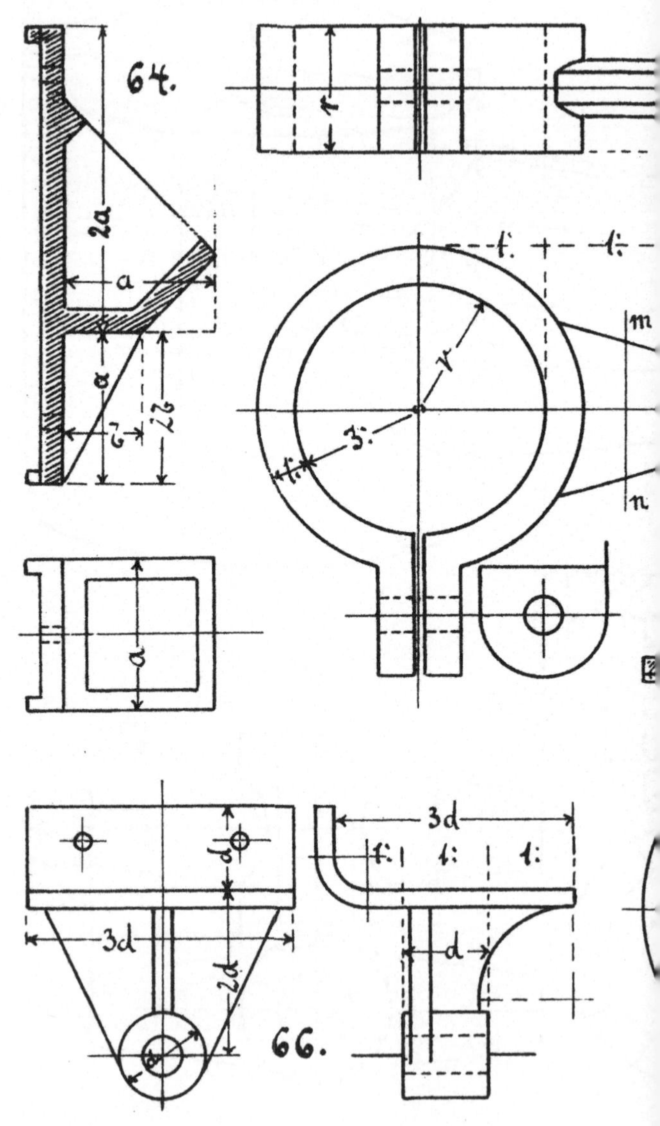
64.
66.

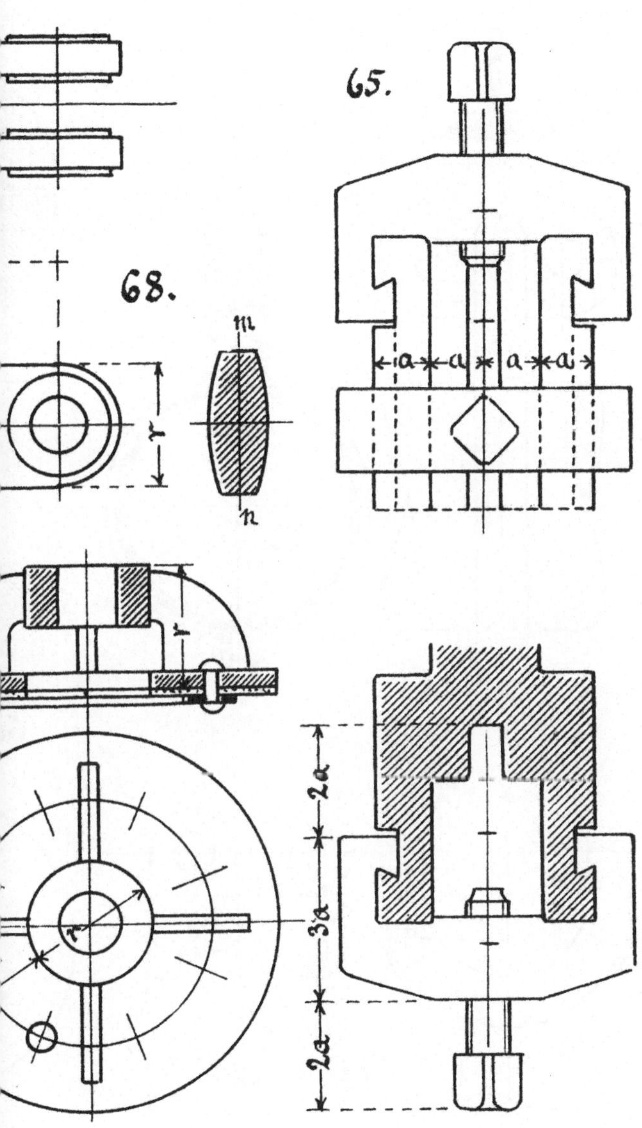
65.
68.
m
n
r
a a a a
2a
3a
2a
r

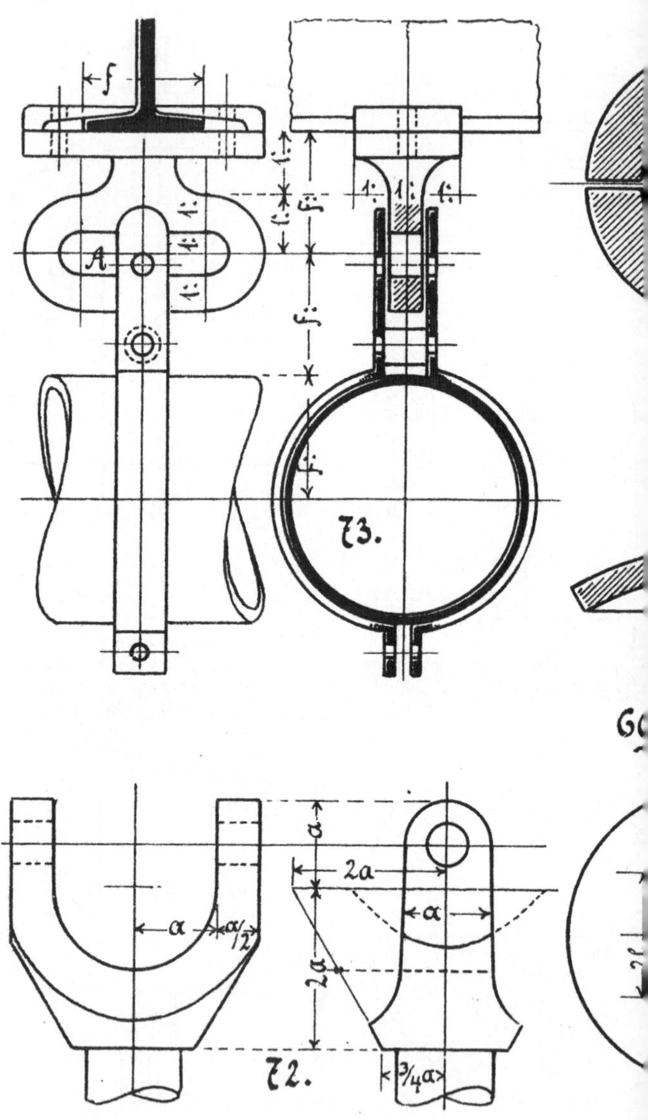

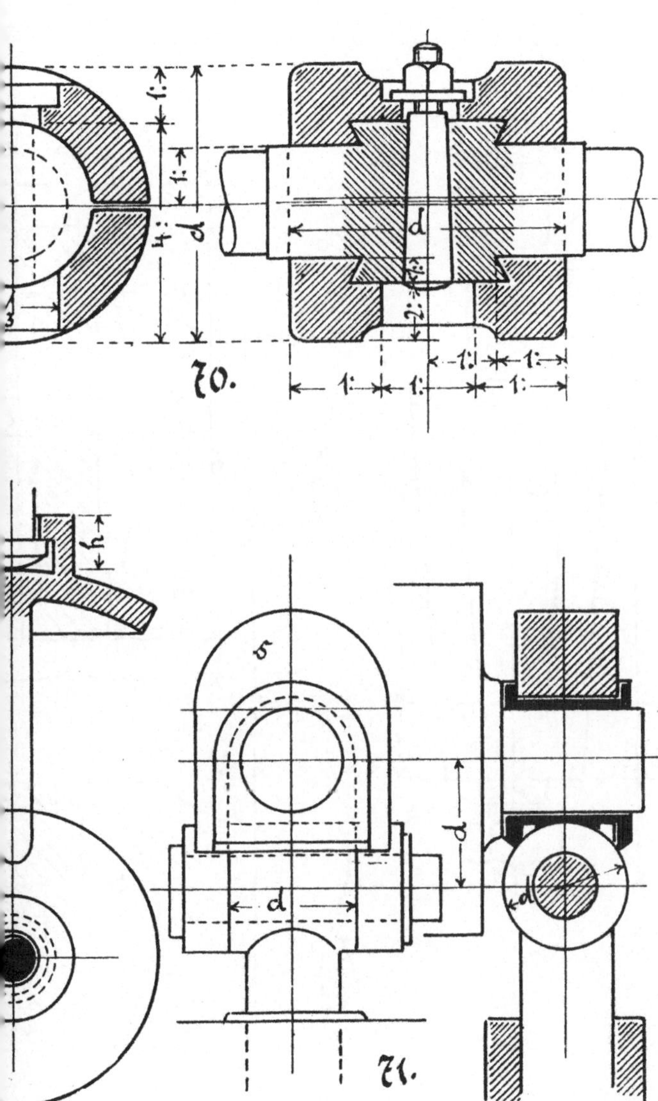
70.
71.

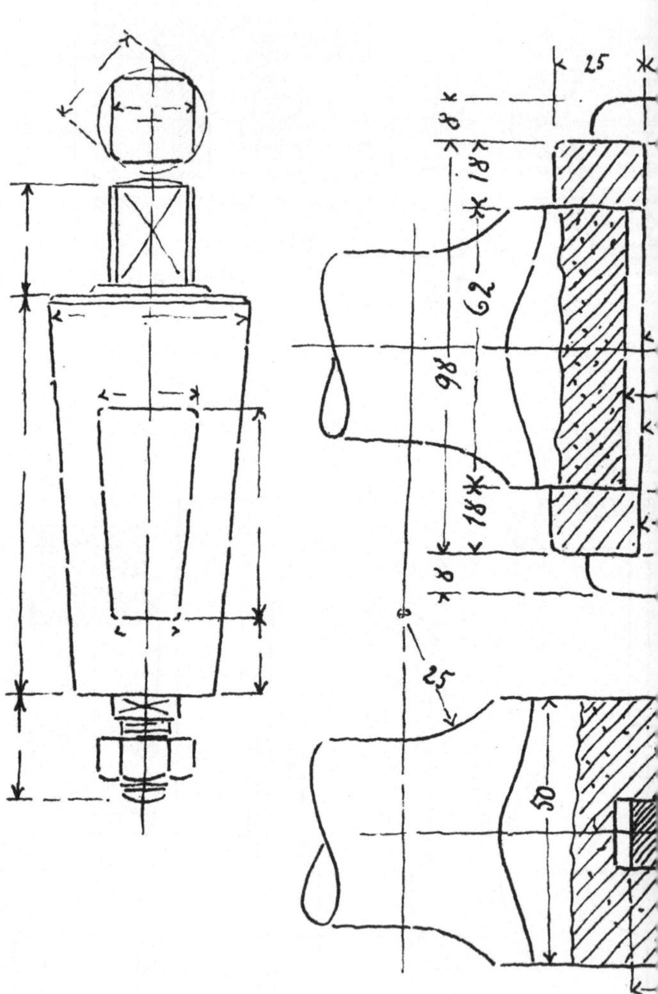

Tafel 23.

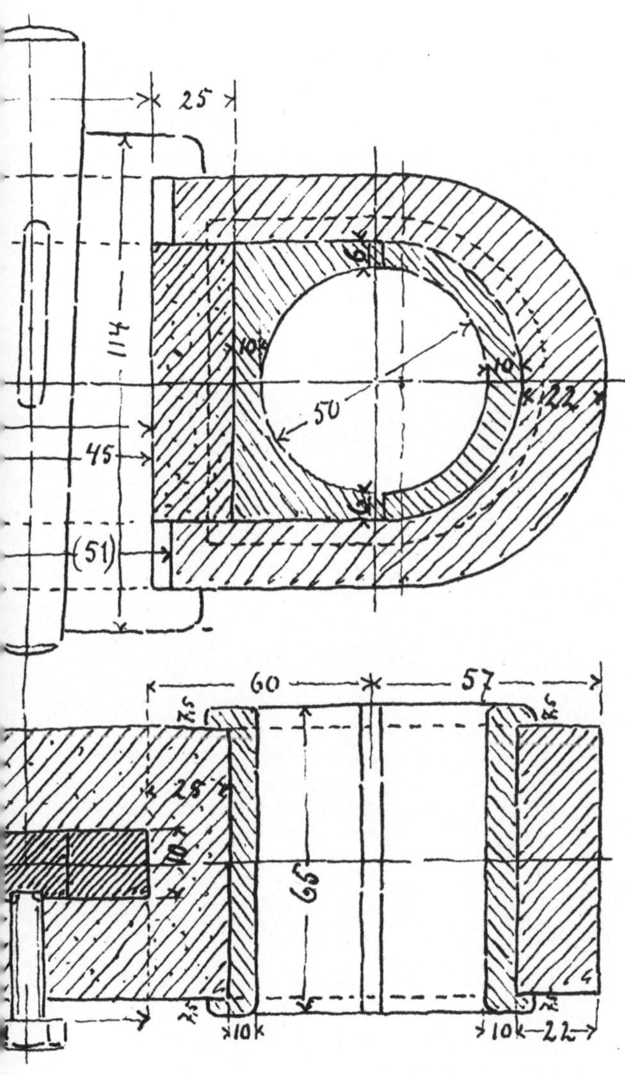

Geogr.-lith. Anst. u. Steindr. v. C. L. Keller, Berlin S.